时装·创意板型

牟琳 吕越 著

中国纺织出版社

内 容 提 要

本书的核心是为设计师们提供实现创意的有效方法。书中以原型为元素，探索平面纸样与立体成型的相关过程，通过提供一系列切实可行的操作方法，为设计师分步骤解读创意款式的实现过程。主要内容包括了解原型、获得原型、应用原型实现创意以及原型的拓展应用，即综合应用原型实现复杂创意作品等几个方面，为设计师提供了一个较为完整而系统的有效实现创意的方法。

图书在版编目（CIP）数据

时装·创意板型 / 牟琳，吕越著. -- 北京：中国纺织出版社，2017.8

ISBN 978-7-5180-3715-5

Ⅰ．①时… Ⅱ．①牟… ②吕… Ⅲ．①服装设计 Ⅳ．① TS941.2

中国版本图书馆 CIP 数据核字（2017）第 148787 号

责任编辑：张思思　　责任校对：王花妮
责任设计：何　建　　责任印制：何　建

中国纺织出版社出版发行
地址：北京市朝阳区百子湾东里A407号楼　邮政编码：100124
销售电话：010—67004422　传真：010—87155801
http://www.c-textilep.com
E-mail：faxing@c-textilep.com
中国纺织出版社天猫旗舰店
官方微博 http://weibo.com/2119887771
北京通天印刷有限责任公司印刷　各地新华书店经销
2017年8月第1版第1次印刷
开本：710×1000　1/16　印张：13
字数：125千字　定价：58.00元

前言

在时尚不断变化、推陈出新的背景下，时装款式的丰富表现成为设计师工作的核心。在这里，不仅仅是天赋、个人品位和时尚感觉等占据着重要地位，其中创造力的实现更是重要一环，而它需要有效的成型手段。本书的核心正是为设计师们提供实现创意的有效方法。

通常情况下，在一个包括大量抽象演绎和复杂计算的平面裁剪系统中，设计师要提前考虑完成后的服装形状并不是一件简单的事，对于那些没有裁剪经验的人更是困难。同时，如果通过在人体模型上直接造型进行立体裁剪，设计师又会发现这种操作方式或许靠不住，或许会有一些小误差，并且在进行下架整理时，又因难以驾驭各个结构线而变得效率低下。

于是应用原型实现设计目标成为设计师的必要选择，一方面原型中的各个结构线是人体结构线的平面表现，可以帮助设计师精准地理解分割线，定位款式设计中的结构线位置；另一方面创意设计中常常会在局部或整体的廓型上变化，设计师可以借助贴合人体的原型来改变服装的自然形态，创造理想比例和完美的造型，同时运用分割线的形状、位置和数量的不同组合，形成不同的服装造型。

本书主要从了解原型、获得原型、应用原型实现创意构想以及原型的拓展应用，即综合应用原型实现复杂创意作品等几个方面，为设计师提供了一个较为完整、系统的有效方法。

作　者
2017年5月1日

目录

壹　了解你的原型

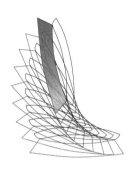

1. 原型与人体的关系

服装原型是一种观念。在现代服装设计师、制板师那里，服装原型不只是服装结构设计与裁剪的工具，它已是一种意识形态。无论是原型裁剪法还是非原型裁剪法，把握表现人体的方法都是有形无形的服装原型在起作用，一直以来，无论是在做设计、做制板、做教师，我几乎都生活在服装制板的"原型"之中，因此也就有了在原型中探究原型，解读原型的想法。

其实服装原型由来已久。自19世纪初用皮尺量衣开始，标准化度量单位的使用使复杂的制图和尺寸确定方式有了进一步发展的可能。裁缝和缝制工开始使用的裁剪方法是简单的分步骤指导，这些指导能裁剪出基本的服饰和流行外衣的形状。裁剪的解剖理论以及使用矩形作为纸样的基础都得到了发展。这一发展很重要，因为这些方法都适合大规模生产和定制业，直到现在仍然使用矩形作为制板的基础。渐渐的，当大多数裁缝为每一款服装创作不同纸样时，美国裁缝发现了有可能在某个基本纸样的基础上创作大量变化多样的款式，这就是服装原型的雏形。服装原型具有最简单的结构特征，它是从正常的人体模特上"剥离"下来的，其结构原理符合人体造型规律。

在进行服装结构设计时，利用这个原本基础形，人们可以随心所欲地设计出变化万千的时装结构图。

我国服装基础理论研究起步较晚，20世纪80年代～90年代加强了对国外原型的引进，由于地域相邻，人种体型相似，文化相近等多方面的原因，日本文化式原型在中国运用广泛。随着我国服装业的发展，众多服装从业者也在对日本原型进行了不断的改善与改进，并且取得了一定的成果，比如许多国内企业应用的原型将日本原型的袖窿深线向下降了0.5cm，再比如结合我国服装特点，去掉了日本原型中的后肩省等。

对于原型使用者而言，每一种原型各有千秋，都有大量的受众在使用。但同时，也给不同原型的使用者带来了困惑，面对众多的不同种类的原型，从业者如何选择，如何应用，大多也只能表面化。试想每种原型的使用者如能够从根本上，即从人体本身出发，理解消化所使用的原型，想必他们不仅能够科学地选用原型，更能合理地应用原型，甚至发展原型。

由此可见，对原型的深入解读就成为一个必不可少的过程。我们不仅要从理论上去认识它、研究它，更要对转化成平面形态的服装原型的绘制方法进行深入研究与理解。

1.1 了解人体结构特点

　　众所周知，服装的基本原型就是人体腰节以上的展开图。对原型进行解读，首先要分析腰节以上的躯干部分的结构特点，这一部分是一个复杂的多面曲体。当用平面的布覆合人体时，由于乳房和背部的隆起，会形成多余的量。服装原型就是将这些多余的量用一定的手段清除，且腰围线必须呈水平，以使服装的结构平衡。因此，在我们绘制原型时，常常需要详细了解人体这一部分的结构特点，各个部位详尽的数据尺寸，如人体后颈点、两侧颈点、前颈窝点、肩端点、前胸宽、后背宽、腋窝点、BP、两侧腰点及胸围线等，以便使原型成型后能够更好地贴合人体（图1-1、图1-2）。

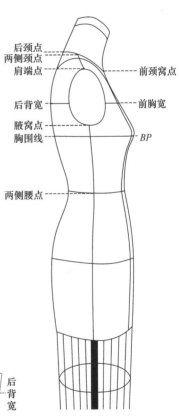

图1-2

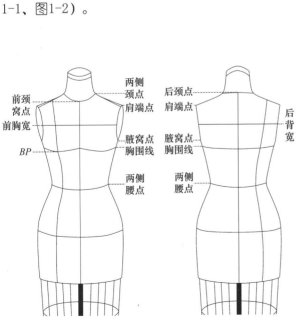

图1-1

1.2　原型与人体的关系

　　原型并非简单的包裹人体，因为服装并非人体表形。由于服装衣料与人体存在着种种矛盾与限制，要求我们找出一个既能代表人体，又能方便服装结构设计和裁剪的中间形，这就是服装原型。

　　服装原型距离人体表面既有一定的空间，即松量，又能够合体，是模仿人体体表而建立的服装人体的基本型。服装原型不仅反映服装与人体的关系，而且能够反映服装各部位间的关系。在由人体到服装原型纸样的这一过程中，服装原型不仅创造了服装结构设计"立转

平"，而且规定了服装结构分解的基本方法。服装原型是否符合人体，最有效的方法就是将原型成型后放在人台上进行检验。无论是用于证实或是用于检查，都可以通过人台来实现。

　　原型检验主要包括（图1-3）：

a．领窝弧线的吻合度；

b．肩端点及肩斜线适体性；

c．前胸宽、后背宽的适合度；

d．*BP*的吻合及腋窝、胸围的适合度；

e．胸围线吻合度；

f．背长、腰节线位置的吻合度。

　　通过以上几个方面的检验，可以确定原型是否符合人体。

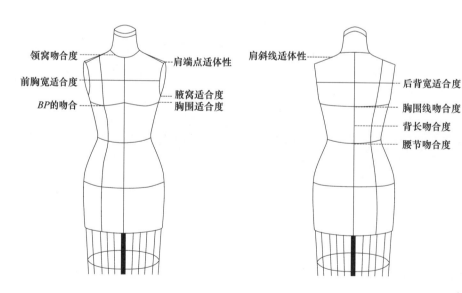

图1-3

以上几个方面的检查都是以度为单位的，没有具体的衡量标准。要精确检验原型，准确发现问题，解决问题，就应将以上提到的检验原型的几个方面转化为具体平面形式。不难理解这个具体形式就是由人台转化而来的。而由人台转化而来的这个平面形式，就是我们衡量服装原型的标准，它是我们解读原型的前提和参照。

人台原型首先按人体标注结构线，其中BP的位置是由SNP量至胸高点约25cm的位置；胸围线是经过BP的水平线，也是由SNP向下垂直量取25cm处的水平线；腰围线是胸围线垂直向下15cm处的水平线（图1-4）。

将腰节以上的躯干部位进行包裹之后展开，重点标注胸围线、腰围线、BP、领围线、前中线、后中线、侧缝线及肩斜线等结构线。完成初步的坯布样板之后再次上架，不收腰省，确认坯布样板前后中线与人台吻合，且垂直地面；肩线贴合肩部；领围线与人台吻合；胸围线与腰围线呈水平；侧缝线垂直地面。确认后布样转纸样。最后由纸样裁制布样，上架后按以上要求再次检验，最终获得人台原型的样板（图1-5）。

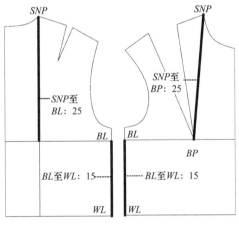

图1-5

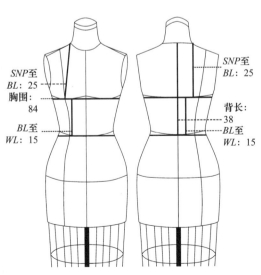

图1-4

从人台原型样片可以看出，前后片的胸围线与腰围线处在同一水平线上，这也是所有原型成型后的一个基本特点。如图1-6、图1-7所示，借助于人台模型架的正面、背面和侧面来检验人台原型胸围线及腰围线的位置，可以看到人台原型与人台模型架基本相符，包括胸围线、腰围线、前中线、后中线与人台一致，而胸围线以上各个线条是通过立裁直接获得的。因此，获得的人台原型能够作为我们解读其他原型的参照。

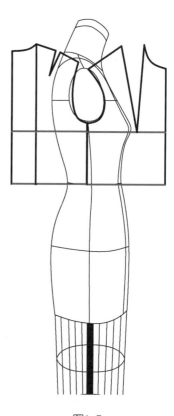

图1-7

图1-6

2. 原型中的平面结构线分析

服装原型准确性、稳定性好的这些特点，使得原型绘制要求更加精确。经过不断的实践与总结，绘制服装原型时所采用的数据也在不断地精确。为了最大限度地减少误差，不同原型有不同的方法来选择数据绘制原型。

2.1 日本文化式原型平面结构线分析

┃文化式原型、新原型人体数据

文化式原型、新原型人体数据如表1-1所示。

表1-1 文化式原型、新原型人体数据

部位名称	尺寸（cm）
胸围	84
背长	38.5

日本文化式原型、日本新原型只运用胸围和背长的数据绘制原型（图1-8）。

┃文化式原型——框架

文化式原型在袖窿深和BP的位置方面基本正确，但在人体数据方面还不够精确。

a. 在文化式原型中，半胸围：47cm，较为符合人体。

b. 背长：38.5cm，是依据人体相应位置的测量直接获得的。

c. 袖窿深线的尺寸：较为抽象，无法从人体上直接测量来获得，原型中的数值21cm是经验值，是较为合体的袖窿深位置。

d. 后背宽的尺寸：顾名思义是人体后背的宽度，是经过后片凸起线肩胛骨处的一条水平线的宽度，原型中采用比例运算获得后背宽，这一数值包含了实际数值和放松量。

e. 前胸宽的尺寸：这一数值也包含了实际数值和放松量。

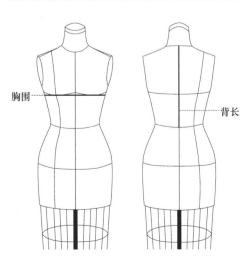

胸围

背长

图1-8

从图1-9中的原型框架中可以看出，直观应用人体数据的是背长以及胸围数值，其他的如袖窿深、后背宽、前胸宽都是应用公式运算获得的，较为抽象，需进一步验证。

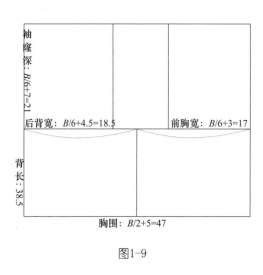

袖窿深：$B/6+7=21$

后背宽：$B/6+4.5=18.5$　　前胸宽：$B/6+3=17$

背长：38.5

胸围：$B/2+5=47$

图1-9

文化式原型框架测量数据如表1-2所示。

表1-2　文化式原型框架测量数据

部位名称	尺寸（cm）
半胸围	47
背长	38.5
袖窿深	21
前胸宽	17
后背宽	18.5

文化式原型——成型数据

文化式原型成型测量数据如表1-3所示。

表1-3　文化式原型成型测量数据

部位名称	尺寸（cm）
后领宽	7.1
后领深	2.36
前领宽	6.9
前领深	8.1
前肩长	12.5
后肩长	14.3
前肩斜	4.22
后肩斜	4.72
袖窿宽	11.5
胸高	24.6
胸距	9.1
胸省	5.7

a. 后领宽的确定：原型中采用公式运算获得领宽数值，较为符合人体。依据后领宽可以确定相应的前后领深以及前领宽数值，并可依次绘制领窝弧线。前后领窝弧线的绘制基本以此方法进行。

b. 后片肩线的确定：后片肩线的长度确定较为粗略，是以后宽线为依据来确定的，而后宽线本身就不是精确值，加大了原型的不精确性，有待上架验证。

c. 袖窿弧线的确定：在文化式原型中袖窿弧线间的最宽距离为11.5cm，整个袖窿弧线的绘制，借助于前后宽线及侧缝线的位置来确定，有待上架验证。

d. 文化式原型前后片侧缝线不在一条垂线上，主要是因为原型中的前片胸省量转移位置的原因，前片侧缝多出的量实际上是胸省的大小，具体是否合体，有待进一步验证。

e. 前片腰围线以下余量是BP到腰围线的实际数值。因此文化式原型中，BP的位置较为准确，袖窿深线的位置较为准确，要验证这几个方面的准确性需要将胸省转移至胸围线以上，进行胸省转移（图1-10）。

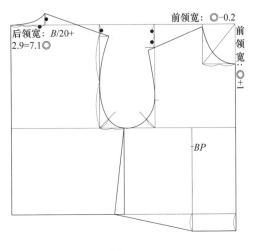

图1-10

2.2　日本新原型平面结构线分析

日本新原型——框架

新原型框架测量数据如表1-4所示。

表1-4　新原型框架测量数据

部位名称	尺寸（cm）
半胸围	48
背长	38.5
袖窿深	20.7
前胸宽	17.9
后背宽	16.7
胸高	25.2

日本新原型框架结构线分析（图1-11）：

新原型中各方面数据都有所改进，更多的直接应用人体数据，公式应用的数据中也更为合体。

a. 背长尺寸：人体实际尺寸。

b. 胸围尺寸：胸围实际测量尺寸，加上放松量。

c. 袖窿深：通过公式运算获得，较之文化式更为合体。

d. 胸高线的确定：虽然是公式运算获得，但是数值与人体测量数值基本一致。

e. 后背宽与前胸宽的数值：较之文化式都有所减少，更为合体了。

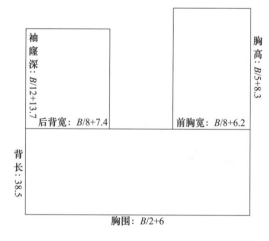

图1-11

日本新原型——成型

日本新原型成型测量数据如表1-5所示。

表1-5 日本新原型成型测量数据

部位名称	尺寸（cm）
前领宽	6.9
前领深	7.4
后领宽	7.1
后领深	2.36
前肩长	12.4
后肩省	1.82
前肩斜	22°
后肩斜	18°
袖窿宽	13.3-2.6=10.7
胸省	18.5°（7.7）

日本新原型成型结构线分析（图1-12）：

a. 前后领弧线的确定：前后领关系密切，与文化式不同，新原型运用公式计算出前领宽的数值来应用，$B/24+3.4=6.9$cm，依此推算出后领宽以及前后领深。前后领宽的差值与文化式原型相同。

b. 肩斜线：人体自肩颈点到肩端点是一条斜线，原型中前后肩斜的角度分别为前片22°，后片18°，新原型中的肩斜线也可将角度换算成比例，如前肩斜为前片肩颈点水平向外8cm，垂直向下3.2cm确定一点。后肩斜为后片肩颈点水平向外8cm，垂直向下2.6cm确定一点。

c. 后肩省：后肩省的大小与文化式一致，只是省尖的位置有所改善，更符合人体，从人台标线上可以获知距离肩胛骨较近。

d. 前胸省：新原型中前胸省的位置，较之文化式有很大进步，首先确保了原型中的胸围线在水平线上，很好地解决了袖窿宽的问题，符合人体。

e. 侧缝线：是平分袖窿宽的一条垂线，从人台标线上看较为符合人体，但仍需上架确认。

f. 袖窿弧线：依据前后肩端点、前后宽位置，以及胸省的位置、侧缝线位置绘制袖窿弧线。

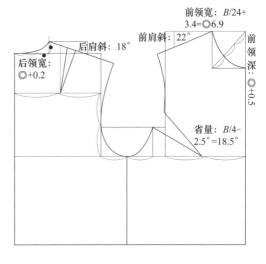

图1-12

2.3 日本佐藤典子原型平面结构线分析

日本佐藤典子原型人体数据

设计师原型所使用的人体尺寸各不相同，各个原型的绘制方法也各有差异。有的较多应用规格尺寸表中的各部位尺寸，来精确原型；有的用大量公式运算来绘制原型，来减少测量带来的误差。无论运用何种方法绘制原型，其目的仍是适合人体。

日本佐藤典子原型较多地直接应用相关人体部位的尺寸数据（图1-13）。

日本佐藤典子原型人体数据如表1-6所示。

表1-6 日本佐藤典子原型人体数据

部位名称	尺寸（cm）
胸围	84
前胸宽	16.5
后背宽	15.3
前肩高	15.1
后肩高	16.1
后肩宽	19
袖窿深	21.1
背长	38.5

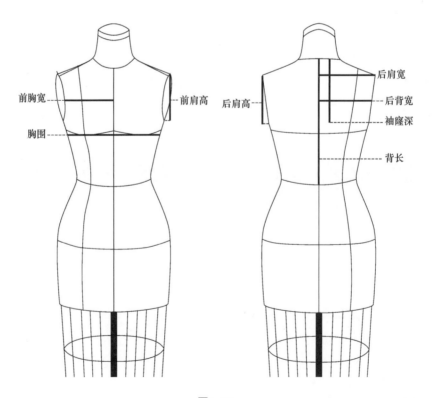

图1-13

日本佐藤典子原型——框架1

日本佐藤典子原型框架1数据如表1-7所示。

表1-7 日本佐藤典子原型框架1数据

部位名称	尺寸 (cm)
背长	38.5
臀围高	19.8
袖窿深	21.1
后背宽	15.3+1.5=16.8

日本佐藤典子原型框架1结构线分析（图1-14）：

a. 背长线的确定：背长尺寸为人体实际背长38.5cm，画一条竖直线，上端点的垂线为后领深线，下端点的垂线为腰围线。

b. 袖窿深的确定：依据尺寸表中的测量数值，袖窿深为21.1cm。

c. 臀围高的确定：由腰围线的起点沿背长线向下延伸一个臀围高的距离。

d. 后背宽线起点的确定：由臀围线起向右平移2cm向上与上端点相连，绘制一条斜线与腰围线相交，交点向左平移0.5cm，向上与袖窿深的中点相连，与袖窿深线的交点便是后背宽线的起点。

e. 后背宽线的确定：由袖窿深线上的起点向右水平绘制15.3+1.5=16.8（cm）。

日本佐藤典子原型的后背宽确定较为特殊，它是在袖窿深线上来确定背宽线的，从人体上可以看出，人体实际的后背宽是指经过后片最凸起的肩胛骨处的一条水平线，当在袖窿深线上确定后背宽线时，人体曲线已经发生了变化，这一位置的后背宽已经变小，不能依据测量尺寸，需要找到在袖窿深线上，人体曲线变化的点。

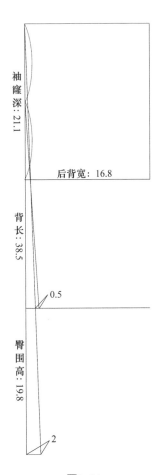

图1-14

日本佐藤典子原型——框架2

日本佐藤典子原型框架2数据如表1-8所示。

表1-8　日本佐藤典子原型框架2数据

部位名称	尺寸（cm）
后领宽	6.6
后领深	2
前领宽	6.3
前领深	7.6
袖窿宽	10.6
前胸宽	16.5+1.6=18.1
胸距	8.7
胸高	25.2
前长	34.4

a. 后领基准线的确定：领深为2cm、领宽为6.6cm，较之其他原型领围明显较小。

b. 袖窿宽的确定：测量尺寸+松量，9.2+1.4=10.6（cm）。

c. 前胸宽的确定：测量尺寸+松量，16.5+1.6=18.1（cm）。

d. 原型前长的确定：自腰围线沿前中线向上34.4cm（实际测量的前长），然后再向上7.6cm（领深的尺寸），确定一点画水平线。

e. 前领基准线的确定：前领宽为6.3cm，向下画垂线与领深线相交。

f. *BP*的确定：自前中线沿胸围线8.7cm确定一点，与肩颈点相连（图1-15）。

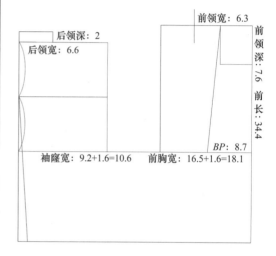

图1-15

日本佐藤典子原型——后肩与肩省

日本佐藤典子原型后肩与肩省数据如表1-9所示。

表1-9 日本佐藤典子原型后肩与肩省数据

部位名称	尺寸（cm）
肩宽	19
后肩高	16.1
肩线	12.8
肩省	1.6

a. 后肩线的确定：由后领深与后背宽线的交点垂直向下1.5cm画一条水平线，以领深线与后中线的交点为起点，画一条19cm（肩宽/2）长的斜线落在1.5cm的水平线段上确定一点，将这一点与后片肩颈点相连。

b. 后肩省位置的确定：在袖窿深线的1/2处画一条水平线为后背宽线，在后背宽线上取中点向外1cm确定一点，与后肩线中点相连。

c. 后肩省量的确定：由袖窿深线沿后背宽线向上16.1+2=18.1（cm），确定一点并作垂线，以后背宽线上的交点为圆心，旋转省线与交点向外部分的肩线，与垂线相交生成省量。

d. 后领窝弧线绘制（图1-16）。

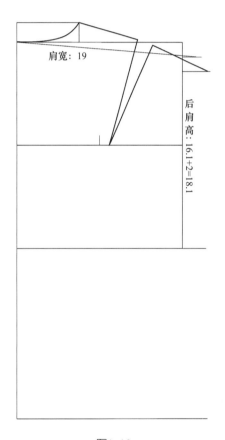

图1-16

日本佐藤典子原型——前肩与胸省

日本佐藤典子原型前肩与胸省数据如表1-10所示。

表1-10 日本佐藤典子原型前肩与胸省数据

部位名称	尺寸（cm）
前肩高	15.1+2=17.1
胸省	5
胸高	25.2

a. 前领窝弧线的确定：连接前领宽和领深矩形的对角线，依据三等分点绘制领窝弧线。

b. 前肩高的确定：15.1+2=17.1（cm）。

c. 胸省省量的确定：画一条距离前胸宽线6.6cm的平行线，以BP为圆心，以BP向上的垂线为半径，向外旋转，与6.6cm垂线相交，画出省量（图1-17）。

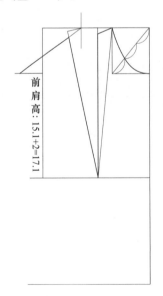

图1-17

日本佐藤典子原型成型

绘制袖窿弧线：依据前后肩端点以及前后宽位置，胸省的位置、侧缝线位置绘制袖窿弧线（图1-18）。

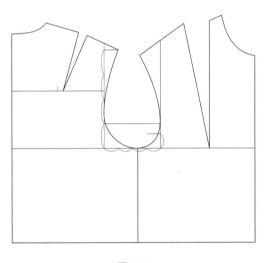

图1-18

设计师原型数据的横向比较

原型数据的横向比较如表1-11所示。

表1-11　原型数据的横向比较

部位名称＼原型类别	日本文化式原型	日本新原型	日本佐藤典子原型
胸围	47	48	46
背长	38.5	38.5	38.5
袖窿深	21	20.7	21.1
前胸宽	17	16.7	18.1
后背宽	18.5	17.9	16.8
袖窿宽	11.5	10.7	10.6
前领宽	6.9	6.9	6.3
前领深	8.1-0.5=7.6	7.4	7.6
后领宽	7.1	7.1	6.6
后领深	7.1/3=2.36	2.36	2
肩线长	12.5	12.4	12.8
后肩省	1.8	1.82	1.6
前肩斜	4.72-0.5	22°	前肩高17.1
后肩斜	4.72	18°	后肩高18.1
胸省	3/5.7	18.5°/7.7	5
胸高	24.6	25.2	25.2
胸距	9.1	9	8.7

3. 原型的比较分析

3.1 参照人台原型分析设计师原型

从原型的结构线数据中可以了解，各个原型中与人体相关的尺寸，但要直观的了解各个原型的结构特点和区别还需要参照人台原型进行比较分析。

通过人台原型深入剖析各个原型的肩斜线、袖窿弧线、领窝弧线等部位的特点（图1-19）。

日本文化式原型

如图1-20所示，将日本文化式原型与人台原型叠放在一起，将前后中线以及后片腰围线重合。可以发现日本文化式原型的胸围线明显高于人台胸围线，因为文化式原型的 SNP 至 BP 间的距离为24.7cm，明显小于实际人台相应数值；后领宽同人台原型的一致，但前领宽较之人台原型的宽，前后领宽的宽度差别不大，因此，在前后领宽方面，日本文化式原型不够符合人体；后领窝弧线同人台原型较一致，前领窝弧线中前领深略高于人台原型的前领深；前后肩斜线同人台原型基本一致；前后袖窿弧线因胸围松量向外扩展，后片袖窿弧线基本与人台原型一致。

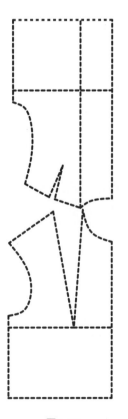

图1-19

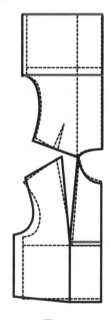

图1-20

日本新原型

如图1-21所示,将日本新原型与人台原型叠放在一起,将前后中线以及胸围线重合。

可以发现日本新原型的前后领宽同人台原型一致;前后领窝弧线同人台原型基本一致;前后肩斜线拼合后同人台原型基本一致;后袖窿弧线与人台原型一致;前袖窿弧线因胸围松量向外扩展,但也基本与人台原型平行;胸省量较之人台原型大。

日本佐藤典子原型

如图1-22所示,将日本佐藤典子原型与人台原型叠放在一起,将前后中线以及胸围线重合。

可以发现日本佐藤典子原型的前后领宽同人台原型一致;前后领窝弧线同人台原型基本一致;前后肩斜线同人台原型基本一致,虽然肩端点不太一致,但较之人台原型,佐藤典子原型的前肩端点降低的部分由后肩端点提高的部分互补了,其目的是使肩线向前倾斜,更符合肩部曲线和审美;前后袖窿弧线与人台原型一致。

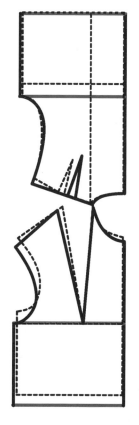

图1-21

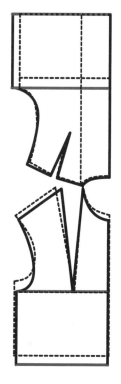

图1-22

3.2　各个原型结构线基本一致的数据分析

背长：

在各个原型中，关于背长都是直接选用人体实际的尺寸。

胸围：

胸围84cm，是水平围绕胸围一圈的围度，由于人体中后片最凸起的位置在肩胛骨处，因此在使用矩形方法绘制原型时，胸围尺寸的确定必须有一定松量。

袖窿深：

这一位置的尺寸要求原型既能符合人体又要具有舒适性，因此需要较为精确，有基本数值要求。

胸高：

是指自肩颈点至BP的距离，是人体可以测量出的。

肩线：

这一位置的尺寸是人体肩线的数值。

前后领宽：

前后领宽有差值，这是由人体颈部曲线决定的。

前后领深：

各个原型数值相近。

3.3　各个原型结构线变化的数据分析

肩斜：

从前面三个原型的肩斜数据对比可以看出，最早的日本文化式原型的肩斜不符合人体的基本特点，即前肩高低于后肩高；在日本新原型中调整了前后肩斜，基本符合人体肩线；在日本佐藤典子原型中，前后肩斜直接由人体实际的前后肩高决定。

后肩省省尖位置：

在日本文化式原型中后肩省长约7.2cm，日本新原型的后肩省长8cm左右，日本佐藤典子原型中后肩省长10cm左右，从数据的变化中可以看出越来越接近肩胛骨的位置，越来越符合人体。

袖窿宽：

从各个原型的数据中可以看出，日本文化式原型的数据较不合体，日本新原型的数据较为合体，日本佐藤典子原型则直接应用人体数据。

前后宽：

这一位置的尺寸也是一个逐渐合体的变化过程，日本新原型比文化式数值变小的，而日本佐藤典子原型则直接应用人体数据。

胸省：

胸省的大小要适合人体的胸高，这样的原型才能塑造出符合人体的立体成型效果，否则原型成型后的造型较为平面，不符合人体。

4. 原型立体成型分析与调整

4.1 统一各个原型的胸省形式

　　要解读服装原型，就要将原型的各个线条与人台模型中的结构线对应起来。在人台模型架上胸围线与腰围线是水平的。

　　由于各种原型处理胸省的方式不尽相同，有的原型成型后胸围线、腰围线并未处在同一水平线上。如美式原型、日本文化式原型、国内标准原型及国内企业原型。因此为了能够更直观地解读不同原型，有必要将各个原型胸省的量都转移至胸围线以上，以确保胸围线和腰围线处在同一水平线上（图1-23）。

　　至于胸围线以上胸省的位置，应确定在肩颈点（SNP）处，因为人体相对固定的胸高位置，是SNP至BP的距离。因此在对不同原型进行解读前，也有必要统一将胸省转移至胸围线以上，并且统一胸省的位置。

图1-23

日本文化式原型的胸省转移（图1-24）

日本佐藤典子原型胸省位置（图1-26）

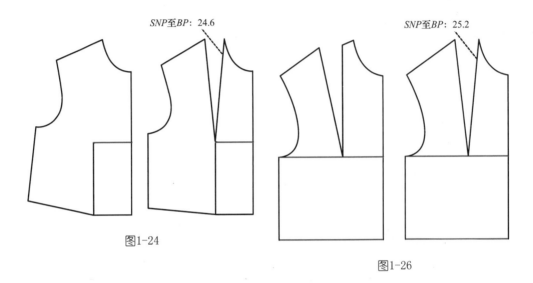

SNP至BP：24.6

SNP至BP：25.2

图1-24

图1-26

日本新原型的胸省位置（图1-25）

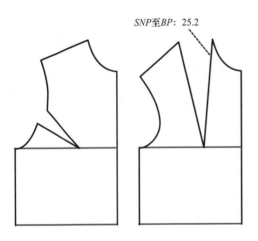

SNP至BP：25.2

图1-25

4.2　日本文化式原型的立体成型
　　　与调整

　　人台模型架是依据我国的规格尺寸
制成的立体人台，它分为多个号型，文
中使用的人台模型架是160/84号，与绘
制各个原型所采用的规格尺寸一致。

　　利用人台模型架解读原型，能够较
为直观地看到各个原型胸围线及腰围线
的位置，能够看到袖窿弧线与人体的吻
合度，能够看到侧缝线的情况等。以下
我们就用图示进行一一分析。

　　在图1-27中，我们可以看到日本
文化式原型前片肩颈点（SNP）至BP
的距离为24.6cm，相对于人台原型的
25.1cm，短了0.5cm，也就是文化式原
型BP的位置与人台模型架不吻合，而
是高出0.5cm，因此从图1-27中可以看
出，前片经过BP点的红色胸围线与黑色
腰围线之间的距离明显长于实际胸腰间
的距离。后片红色腰围线与人台模型架
的腰围线一致，并且后中线吻合。

图1-27

当原型成型上架检验时，从侧面看原型前后片的红色胸围线和腰围线都应在同一水平线上，而且侧缝线是垂直线。我们可以以此来检验和调整原型。

在图1-28的左图中，当文化式原型侧缝线直接对合时，后中线及后腰围线与人台吻合，而前胸围线则由于胸高位置与人台不符，出现不合体的情况。

如何调整，从图1-28的右图中可以得到答案，首先以后片红色腰围线为基准位置，以及前片SNP至BP的距离为基准确定前后片原型的位置；然后在前后片侧缝线处，修顺前后片的袖窿弧线；将后片腰围线向前延展至前中线；最后依据人台胸围线位置重新确定原型中前后片的胸围线位置。

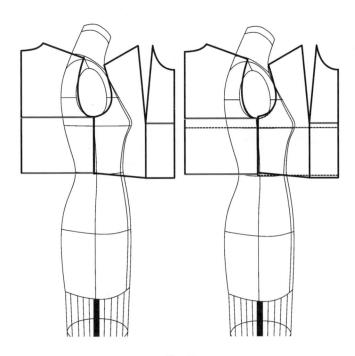

图1-28

4.3 日本新原型的立体成型与调整

在图1-29中，我们可以看到日本新原型前片SNP至BP的距离为25.2cm，与人台原型基本吻合。

后片红色胸围线与人台模型架的胸围线一致，并且后中线吻合。但可以看出前片红色腰围线以下有较大余量。

在图1-30的左图中，可以看出将符合人台数据的前片胸围线以及后片背长与人台分别固定后，通过观察侧缝线，可以看到前后片的胸围线、腰围线均未在同一水平线上，而且相差的距离较大。也就意味着前片余量较大，造成成型后其他相应部位的变形，如成型后腰围线未呈水平线，侧缝线未垂直等问题。

如何调整，从图1-30的右图中可以得到答案，在侧缝线处首先提高前片袖窿弧线侧缝点的位置，与后片袖窿弧线相连并画顺；然后依据前片胸围线位置确认后片胸围线位置；依据后片腰围线位置确认前片腰围线位置。

图1-29

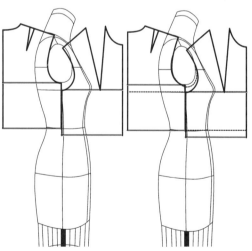

图1-30

4.4 日本佐藤典子原型的立体 成型与调整

如图1-32的左图所示，将符合人台数据的前片胸围线以及后片背长与人台分别固定后，通过观察侧缝线，发现了同日本新原型相似的问题。即前片余量较大，造成成型后其他相应部位的变形，如成型后腰围线未呈水平线，侧缝线未垂直等问题。

如何调整，从图1-32的右图中可以得到答案，当前后片分别依据符合人体的位置摆放时，同日本新原型一样，在侧缝处调整袖窿弧线，重新确认后片胸围线位置以及前片腰围线位置。

图1-31

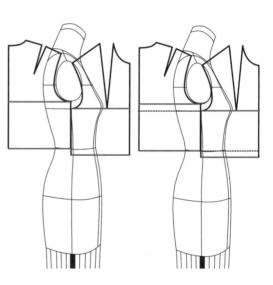

图1-32

在图1-31中，我们可以看到日本佐藤典子原型前片SNP至BP的距离为25.2cm，与人台原型基本吻合。

从图1-31中可以看出，日本佐藤典子原型前片经过BP的红色胸围线与人台模型架的胸围线一致。后片红色腰围线与人台模型架的腰围线一致。

但可以看出，同日本新原型一样，前片红色腰围线以下有较大余量。

4.5 结论

　　通过以上对各个原型的深入解读，我们对于原型有了更为立体直观的认知，当看到原型中的某一个线条时，能够想象成型后它所处的位置；当原型的某个部位与人体不相符时，能够准确地发现问题所在，并能够及时地解决，如当发现肩颈点（SNP）向后偏移时，能够运用加宽后领宽来进行调整；当发现侧缝线不垂直时，能够通过调整后片的胸围线的位置来调整等。

　　不仅如此，随着不断地实践与应用，原型的形式也在发生变化，例如现在应用较广的日本新原型以及日本佐藤典子原型，都是将胸省的量全都移至胸围线以上。这样的原型形式使原型应用者更容易理解和应用原型。

贰　原型与次原型（衣、裙、袖）

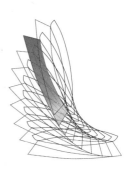

1. 基础原型

1.1 人体结构线分析

服装原型就是将平面的坯布围裹在人体上，用一定的立裁手法将多余的量清除，且腰围线必须呈水平线，使服装的结构平衡。与此同时原型并非简单的包裹人体，因为服装并非人体表形，由于服装衣料与人体存在着种种矛盾与限制，要求我们找出一个既能代表人体，又能方便服装结构设计和裁剪的中间形，这就是基础原型。服装原型准确性好、稳定性好的这些特点，使得原型绘制要求更加精确，因此，在绘制原型时，常常需要详细了解人体这一部分的结构特点。

在图2-1中，通过对人体的前后侧三个面标注各个结构线的位置，来帮助我们立体的理解人体，如人体前后领窝弧线、肩颈点、肩端点、前后中线、后背宽线、袖窿弧线、袖窿深、BP、侧缝线、侧面分割线、前后公主线、胸围线、腰围线等。并且通过图示我们能够清晰地了解到各个结构线的基本特征。

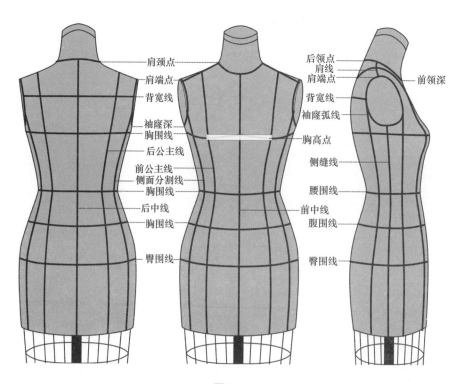

肩颈点
肩端点
背宽线
袖窿深
胸围线
后公主线
前公主线
侧面分割线
胸围线
后中线
胸围线
臀围线

后领点
肩线
肩端点
背宽线
袖窿弧线
胸高点
侧缝线
腰围线
前中线
腹围线
臀围线

前领深

图2-1

1.2　基础原型前片

基础原型——坯布准备（前片）

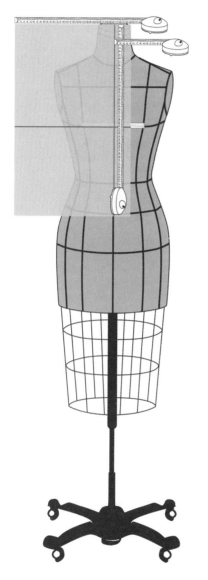

图2-2

a. 坯布尺寸（图2-2）：

长度：30cm+25cm；

依据是胸围线大概位置30cm（胸高25cm+5cm余量）；25cm是胸围线至腰围线距离15.5cm加上余量。

宽度：25cm+10cm；

依据是1/4胸围加上两边余量，由此，坯布长宽尺寸为55cm/35cm。

b. 确定前中线CF（经纱用蓝色线）：距坯布边缘5cm处绘制垂直线。

c. 确定胸围线BL（纬纱用红色线）：在CF线上由上向下30cm处确定一点，绘制横向垂线为BL线。

　　注　书中统一规定垂直线（即经纱线）用蓝色标注；水平线（纬纱线）用红色标注。

基础原型——坯布准备（定腰线）

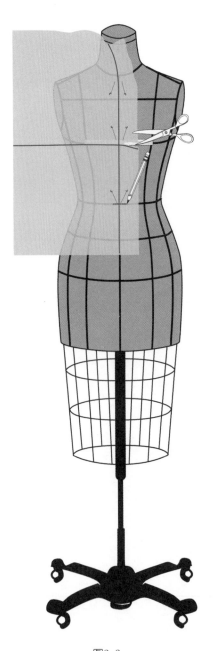

图2-3

a. 将前中线与胸围线的交点与人台上相应的点对合固定（图2-3）。

b. 将胸围线余量部分剪剪口，确保交点与人台贴合。

c. 将前中线垂直向上推至领窝线处固定，再将前中线垂直向下推至腰围线处固定，并做标记。

d. 坯布下架（图2-4）：
依据标记绘制水平线，即为腰围线位置，胸围线至腰围线之间的距离为15cm。

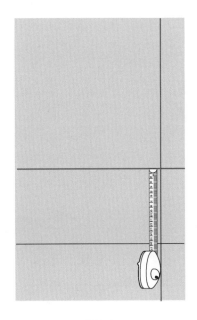

图2-4

基础原型——前片立裁（上架固定）

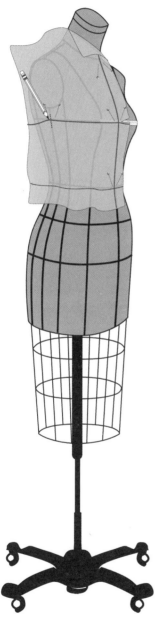

图2-5

a. 坯布上架（图2-5）：
   将确定好前中线、胸围线、腰围线的坯布上架，将前中线的各个交点与人台上相应的点进行固定。

b. 将坯布上的胸围线对应人台胸围线平捋至侧缝处，绘制标记并固定。

　　请注意：从前文中的人体结构分析可以了解，在侧缝线上自袖窿深线至腰围线是一条斜线，同时要注意BP至肩颈点间人体是曲线的，因此在确定胸围线时，需空出一定的松量后与侧缝线固定，以备在确保胸围线水平的情况下，准确绘制胸省线和袖窿弧线。

基础原型——前片立裁（修剪坯布）

图2-6

a. 领窝弧线（图2-6）：

沿人台领窝弧线平捋坯布，以此为依据修剪领窝弧线，并将坯布在肩颈点处固定。沿领窝弧线剪垂直剪口（距人台领窝标线1cm），再次平捋坯布，确定坯布与人台领窝线贴合，并在坯布上画出领窝弧线。

b. 袖窿弧线：

固定胸围线与侧缝线交点，沿袖窿弧线向上平捋坯布至肩点，将胸高产生的多余的量推至肩颈点处，并固定肩点。依据人台领窝弧线修剪袖窿弧线（约3cm的放量）在坯布上画出袖窿弧线。

c. 肩线与胸省：

因要确保胸围线呈水平线，因此由胸高产生的省量将全部推向胸围线以上的部分。为了不影响胸围线以上各个线段的完整性（袖窿线、肩线、领窝线、前中线），因此将胸省推向肩颈点。在坯布上画出肩线，确定出胸省的量以及BP的位置。

请注意：在立裁操作中，垂直剪口适用于曲线转折较大的部位修剪余量。

基础原型——前片立裁（下架整理）

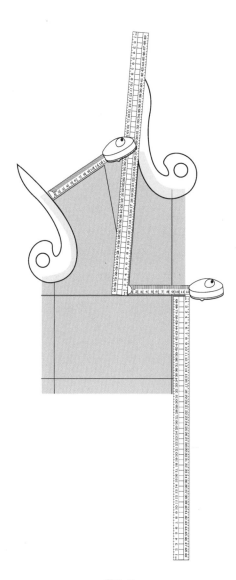

图2-7

a. 下架整理（图2-7）：

依据标记绘制各个线条，修剪各个线条毛缝量（1.5～2cm）并使用六号尺精确绘制领窝弧线、袖窿弧线。

b. 测量原型前片基本尺寸（图2-8）：

胸围：23cm；

胸高：25cm；

胸腰距：15cm；

肩宽：12cm；

胸省量：6.7cm；

胸距：8.5cm。

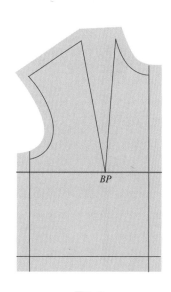

图2-8

1.3 基础原型后片

基础原型——坯布准备（后片）

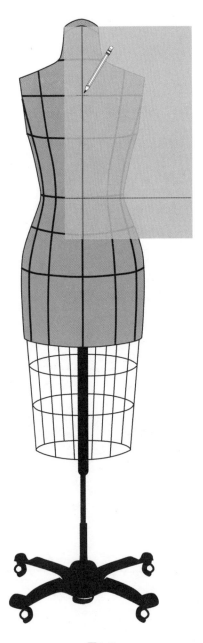

图2-9

a. 坯布尺寸（图2-9）：

长度：30cm+25cm（依据前片）；

宽度：25cm+10cm；

依据是1/4胸围加上两边余量，由此，坯布尺寸为55cm/35cm。

b. 确定后中线（经纱用蓝色线）：

距坯布边缘5cm处绘制垂直线。

c. 确定腰围线：

距坯布底边5cm处画一条水平线。

d. 后背宽线确定：

后背宽线是原型后片弧度最高的线，在进行后片立裁时，应以后背宽线为水平线，进行立裁塑形。将准备好的坯布，依据各线对应人台上架，沿后中线，自胸围线向上平移找出人台上的与后背宽线的交点，并做标记，下架绘制出后背宽线（图2-10）。

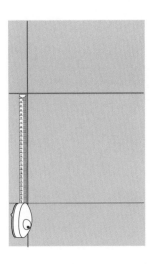

图2-10

基础原型——后片立裁（上架固定）

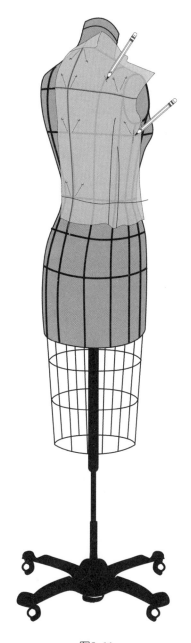

图2-11

a. 固定后中线各点（图2-11）：

先固定后中线与后背宽线的交点；再分别固定向上与领围线的交点；向下与胸围线的交点；腰围线 WL 的交点。

b. 固定后背宽线：

将坯布上的后背宽线贴合人台横向平抻，与后片袖窿线交点进行固定。在后背宽线肩胛骨位置标注后肩省尖。

c. 确定侧缝线：

后背宽线贴合人台固定后，将坯布上的胸围线与人台上的侧缝标线和胸围标线的交点固定，并做标注。

请注意：在人体后背部分，最突出的位置在后背宽线处，因此在固定侧缝线与胸围线的交点位置时，需空出一定的松量后与侧缝线固定，以备在确保后背宽线水平的情况下，准确绘制肩省线和袖窿弧线。

基础原型——后片立裁（修剪坯布）

图2-12

a. 领窝弧线（图2-12）：

沿人台领窝弧线平抚坯布，以此为依据修剪领窝弧线（约3cm放量）。并将坯布在肩颈点处固定。沿领窝弧线剪垂直剪口（距人台领窝标线1cm）。再次平捋坯布，确定坯布与人台领窝线贴合。并在坯布上画出领窝弧线。

b. 袖窿弧线：

固定后背宽线与袖窿线交点后，沿袖窿弧线向上和向下平捋坯布，固定肩点和袖窿线侧缝处。依据人台袖窿弧线修剪坯布袖窿弧线（约3cm的放量），沿袖窿弧线剪垂直剪口（距人台袖窿标线1cm），再次平捋坯布，确定坯布与人台袖窿弧线贴合，使用珠针固定肩点，在坯布上画出袖窿弧线。

c. 肩线与肩省：

因要确保后背宽线呈水平，因此由肩胛骨产生的省量将全部推向后背宽线以上的部分。在坯布上画出肩线，确定出肩省的量。

基础原型——后片立裁（下架整理）

a. 依据标记绘制各个线条，修剪各个线条毛缝量（1.5～2cm），使用六号尺精确绘制领窝弧线、袖窿弧线（图2-13）。

b. 测量原型后片基本尺寸（图2-14）：

后胸围：22cm；

胸腰距：15.5cm；

肩宽：12.5cm。

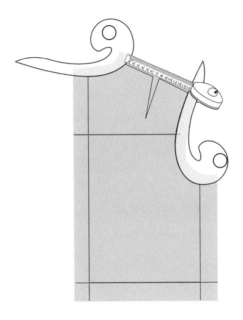

图2-13

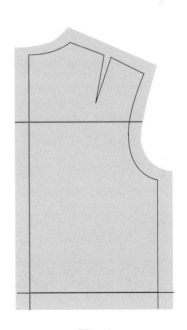

图2-14

1.4　基础原型样板

基础原型——立裁确认

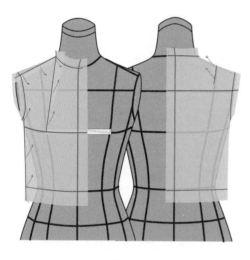

图2-15

a. 别合前后片坯布（图2-15）：
　 先别和胸省和肩省；再别合肩线和
　 侧缝线。

b. 确认坯布上的各个标线：
　 前后中线垂直；侧缝线垂直；胸围
　 线水平；后背宽线水平；胸省和肩
　 省省量合适；肩线与人台吻合；胸
　 围线以上部分平整；后背宽线以上
　 部分平整。

c. 下架整理坯布（图2-16）：
　 通过解读基础原型的获得过程，可
　 以很好地理解原型结构线与人体的
　 真实关系。

在图2-16中，从展开坯布中可以看出，原型中的三个结构线就可以表现出的人体基本特征。

首先将坯布的前后片侧缝线对合获得胸围尺寸，基础原型中的前后片胸围的量是90cm，而实际测量人台胸围量是84cm，这是因为在基础原型后片中是以凸起的后背宽线为水平线进行立裁的，所以后片胸围线上有较大余量；然后是胸高尺寸，这一结构线与人台尺寸一致约25cm，这一数据能够表现人体的胸部的结构特点；最后是背长线尺寸，背长线是后中线上从后领窝至腰围之间的距离38cm，这一结构线的尺寸能够表现出人体腰节的比例关系。

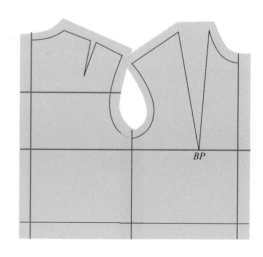

图2-16

基础原型——对合检查

基础原型的对合检查如图2-17所示。

基础样板——样板生成

a. 侧缝线，前后片侧缝线一致，胸围线在同一水平线上。

b. 袖窿弧线，对合后，前后袖窿弧线平顺。

c. 领窝弧线，对合后，前后领窝弧线平顺。

d. 肩线，对合后，前后肩线相差约0.5cm。

e. 将原型上衣生成样板（图2-18）。

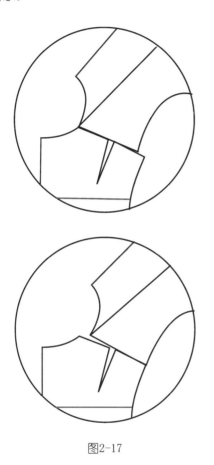

图2-17

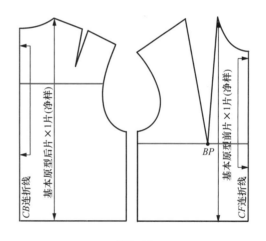

图2-18

2. 次原型

2.1 原型基本腰线

　　基础原型能够表现基本人体特点，但现代设计师创意无限，风格多样，在创意实现和风格表现的过程中，对于原型的需要也是多样的。因此依据设计风格将基础原型进行几种不同方式的延展是灵活应用原型的基础步骤。

图2-19

原型基本腰线——后片立裁

a. 将基本原型后片样板绘制在坯布上。

b. 坯布上架后简单与人台固定，确定后背宽线保持水平（图2-19）。

c. 依据人台标线确定后背宽线到腰线之间的省位是省长约19.5cm，省尖距后中线约9cm和省量约3.5cm。

d. 依据人台标线确定侧缝线的省量约1.5cm。

e. 画下标记下架整理（图2-20）。

　　请注意：依据立裁手法和需要，省量的大小会略有差异。

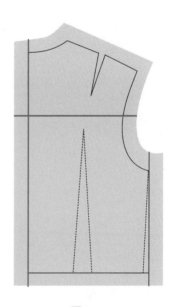

图2-20

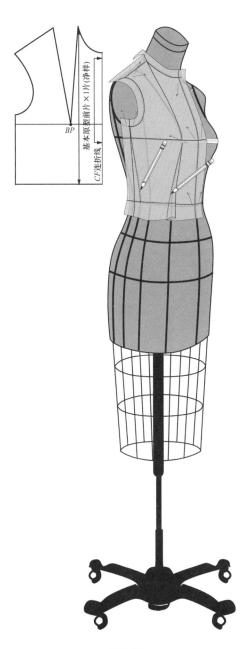

图2-21

原型基本腰线——前片立裁

a. 将基本原型前片样板绘制在坯布上。

b. 坯布上架，并简单与人台固定，确定好胸围线保持水平（图2-21）。

c. 依据人台标线确定BP到腰线之间省的位置和省量约为4.5cm，并做标记。

d. 依据人台标线确定侧缝线的省量约为2.5cm，并作标记。

e. 画下标记下架整理（图2-22）。

请注意：依据立裁手法和需要，省量的大小会略有差异。

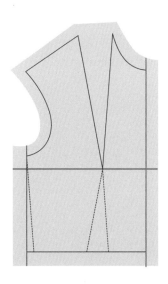

图2-22

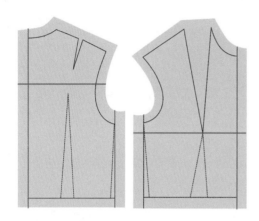

原型基本腰线——样板生成

a. 下架整理基本腰线原型前后片坯布，绘制各个腰线省量（图2-23）。

b. 分别别合前后片的腰省。

c. 将别合好腰省的前后片侧缝线别合。

d. 将别合好的前后片腰线展平，以后中线CB与腰围线WL的交点为基准点，画顺腰线。

e. 展开坯布，在前片中，由于BP至腰线之间存在胸高差值，因此前腰线降底了1cm，作为胸高的量。

f. 绘制原型基本腰线样板（图2-24）。

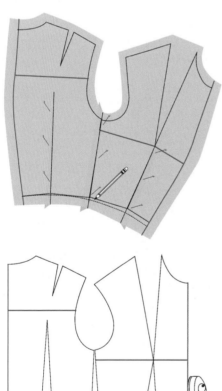

图2-23

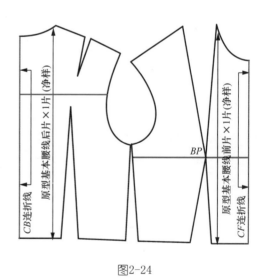

图2-24

2.2　原型经典腰线

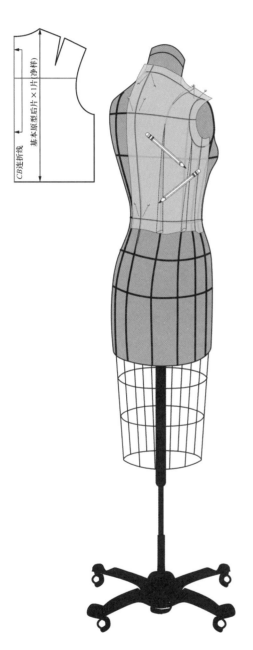

图2-25

原型经典腰线——后片立裁

a. 取出基础原型后片样板，绘制在坯布上。

b. 坯布上架简单与人台固定，确定后背宽线保持水平（图2-25）。

c. 依据经典腰线省道位置，将腰省进行分配，并画下省尖的位置和省量的大小约各2cm。

d. 下架展平坯布（图2-26）。

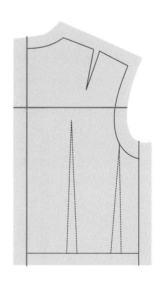

图2-26

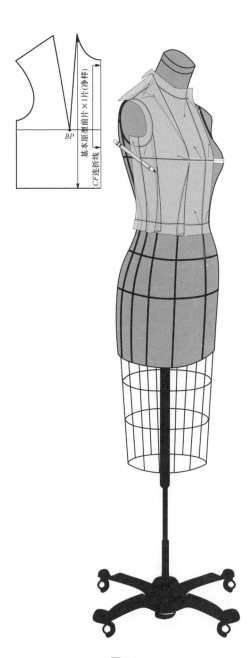

图2-27

原型经典腰线——前片立裁

a. 将基本原型前片样板绘制在坯
   布上。

b. 坯布上架，并简单与人台固定，确
   定好胸围线保持水平（图2-27）。

c. 依据人台标线确定BP点到腰线之间
   的省位和省量约3cm。

d. 依据人台标线确定前侧片省位和省
   量约2cm。

e. 画下标记下架整理（图2-28）。

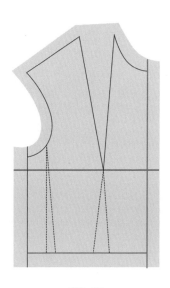

图2-28

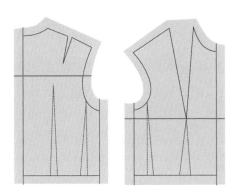

原型经典腰线——样板生成

a. 下架整理经典腰线原型前后片坯布，依据标记绘制各个腰线的省量（图2-29）。

b. 依次别合前后片各个省。

c. 别合前后片侧缝线。

d. 将别合好的前后片腰线展平，以后中线CB与腰围线WL的交点为基准点，画顺腰线。

e. 在前片中，由于BP至腰线之间存在胸高差值，因此前腰线要降低1cm，作为胸高的余量。

f. 将修顺好的腰线上架对和人台腰线检查。

g. 确认坯布后生成样板（图2-30）。

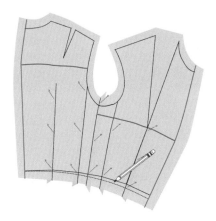

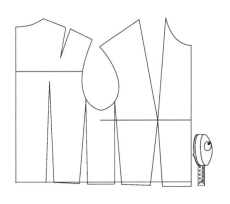

图2-29

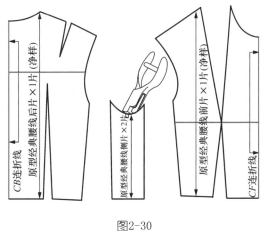

图2-30

2.3　有松量的原型

a. 取出合体原型样板（图2-31）。

b. 将合体原型的前后片侧缝向外各放出1.5cm。

c. 将前后片袖窿腋下点沿侧缝线下降1.5cm。

d. 将前后片袖窿弧度适当向外0.7cm，然后使用六号尺绘制出前后片的袖窿弧线。

2.4　宽松原型

a. 取出合体原型样板（图2-32）。

b. 将合体原型的前后片侧缝向外各放出2cm。

c. 前胸省量减少至一半，并确定新的前肩线位置。略去后肩省确定新的后肩线位置。

d. 将前后片袖窿腋下点沿侧缝线下降2cm。

e. 将前后片袖窿弧度适当向外约0.7cm，然后使用六号尺绘制出前后片的袖窿弧线。

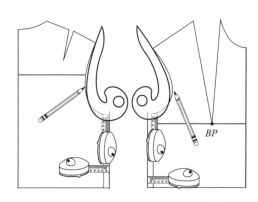

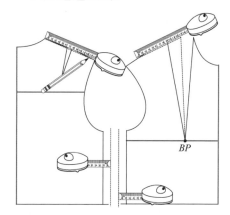

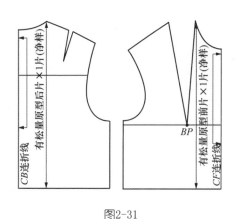

图2-31

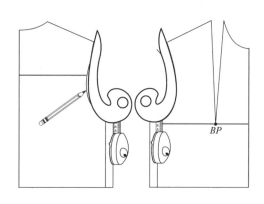

图2-32

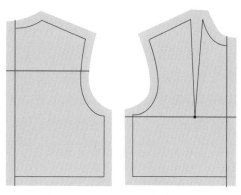

宽松原型——立裁确认

a. 将整理好的原型样板绘制在坯布上。

b. 将坯布别合好上架检查（图2-33）。

c. 确认前后中心线的位置、前胸围线的位置、后背宽线位置、肩线位置都与人台标线相符。

d. 依据复核确认后的结构线位置生成宽松原型样板（图2-34）。

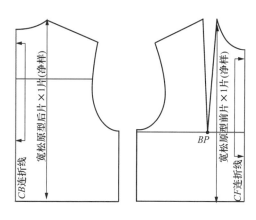

图2-34

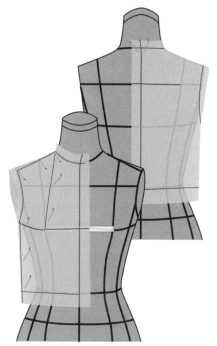

图2-33

3. 原型裙与原型连衣裙

3.1 原型裙对应的人体结构分析

通常人们提及服装原型会立刻联想到人体腰节以上的平面展开图，实际上广义的原型应是指人体各个部位的结构线生成的基本样板，其中主要包括原型上衣、原型裙、原型连衣裙、原型袖、原型领等，各个原型都是忠于人体结构线的基础样板，因此虽然各个原型的部位不同，但原型的生成方法与应用方法在本质上有异曲同工之处。

原型裙是指人体腰节以下至膝盖位置的展开图，对原型裙进行解读，首先要分析这一部分的人体结构特点，其中关键的部分是腰围线至臀围线之间人体曲线的塑形。当用平面的布覆合人体时，由于臀围与腰围间的曲线变化，会形成多余的量。原型裙就是将这些多余的量用一定的立裁手法清除，且腰围线、臀围线呈水平线，使服装的结构平衡。

在绘制原型裙时，需要详细了解人体腰臀部位的结构特点以及基本结构线位置，以便使原型裙成型后能够更好

地贴合人体。

如图2-35所示，原型裙基本结构线包括腰围线、腹围线、臀围线、侧缝线。其中塑形的主要部位是腰围线至臀围线之间的距离。腰围线是围度最小的部分，距离之间的腹围线是曲线结构的分界线，即从腰围线到腹围线间是呈喇叭状的，从腹围线到臀围线间是曲线状的。了解人体的这一结构特征，可以更好地进行原型的塑形操作，准确合理的确定省位、侧缝弧线等结构线的位置。

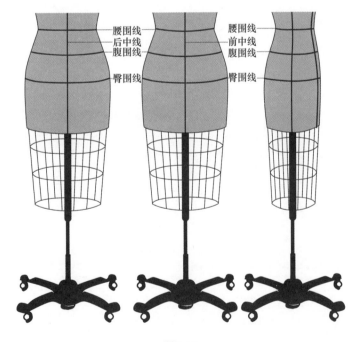

腰围线
后中线
腹围线
臀围线

腰围线
前中线
腹围线
臀围线

图2-35

3.2　原型裙

| 基础原型裙——坯布准备

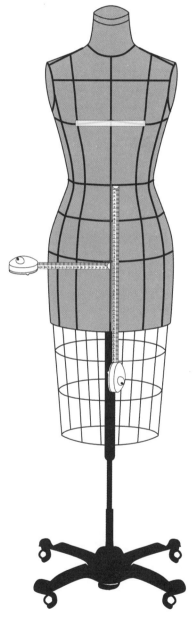

图2-36

a. 使用卷尺沿臀围线测量半臀围的尺寸为45cm，并测得前臀围为22cm，后臀围为22.5cm，依此为基础确定坯布的宽度为44.5cm+13cm（毛缝量）（图2-36）。

b. 沿前中线自腰围线向下至腹围线测得距离为9cm、臀围线距离为20cm、裙长定为56cm。

c. 以上数据为依据准备坯布，并绘制相应的基准线（图2-37）。

　请注意：各个基准线距布边为5cm。

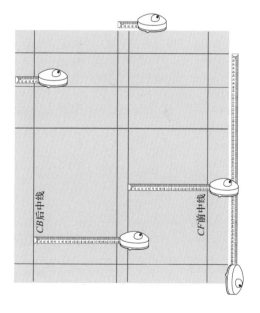

图2-37

基础原型裙——调整坯布

a. 将坯布上绘制的侧缝余量别合，留出臀围线以上的部分，横向剪开臀围线侧缝余量的部分，将对折别合好的坯布展开，将臀围线以上的侧缝余量翻出（图2-38、图2-39）。

b. 坯布上架，将坯布前后中线贴合人台进行固定（图2-40）。

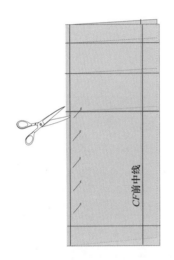

图2-38

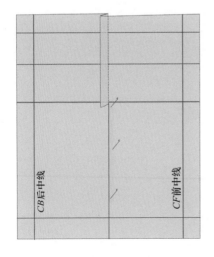

图2-39

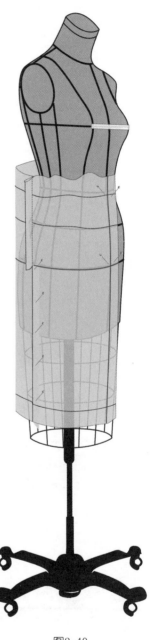

图2-40

基础原型裙——腰省立裁

a. 将坯布在人台上别合，将腰围线以上的毛缝量剪垂直剪口。

b. 依据人台，将后腰围处省量收拢，平均分配到后腰围的两个省中，确定相应的省尖位置，并做标记（图2-41）。

c. 依据人台，将前腰围处的省量收拢，确定省尖的位置，并做标记（图2-42）。

d. 依据人台，将侧缝处余量收拢，做标记。

e. 依据人台上的腰围线，在坯布上绘制腰围线的位置。

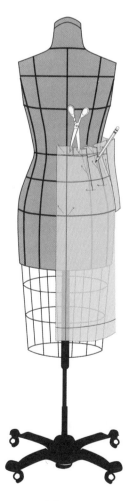

图2-41

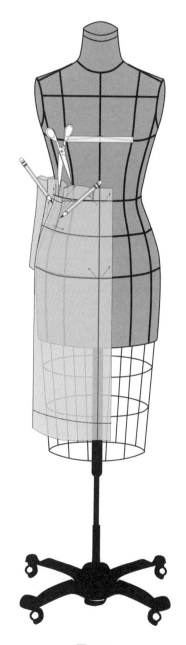

图2-42

基础原型裙——下架整理

a. 将坯布平整的展开，依据标记画顺
　　侧缝曲线、腰围线以及各个省道
　　（图2-43）。

b. 修剪坯布毛缝（图2-44）。

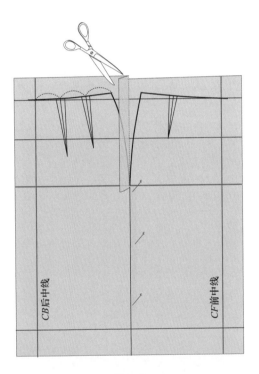

图2-43

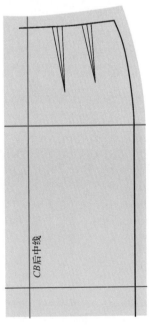

图2-44

基础原型裙——复核

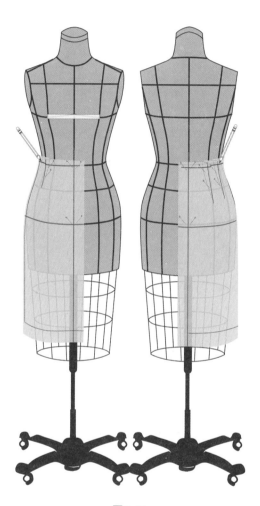

图2-45

a. 将前后片坯布别合好之后，上架与人台的前后中线和臀围线对合好后，进行固定复核，并精确标记前后片腰线位置（图2-45）。

b. 将复核后的坯布下架整理，绘制出原型裙样板（图2-46）。

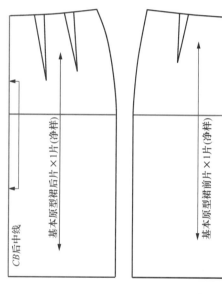

图2-46

3.3 有腰线连衣裙原型

连衣裙是非常常见和实用的款式类别，几乎每一位女性的衣橱中都有连衣裙的位置，在设计师的图稿中连衣裙同样是重要的表现款式，女性对于连衣裙的偏爱主要源于它能够最大限度地表现女性婀娜的曲线美。连衣裙通常可以分为有腰线连衣裙和无腰线连衣裙。

在下面文中借用原型上衣和原型裙来详细说明制作连衣裙原型样板的方法，通过解读这一过程来进一步帮助设计师理解完整的人体曲线结构。

┃有腰线连衣裙原型——样板获得

有腰线连衣裙原型是指在腰部有分割线的合体连衣裙，在图2-47中是有腰线连衣裙的生成过程：

a. 取出基本原型上衣样板和基本原型裙样板。

b. 将两组原型前中线对齐排列，组合生成合体连衣裙样板。

┃有腰线连衣裙原型——样板总结分析

图2-47中，连衣裙样板衣身部分和裙子部分的侧缝线不在一条垂线上，由此可以看出人体的体型特点，即前胸围大于后胸围，前臀围小于后臀围。由原型上衣和原型裙组合而成的连衣裙能够很好表现连衣裙所需要表现的结构特征，设计师可以借用这个组合原型进行有腰线连衣裙的拓展设计。

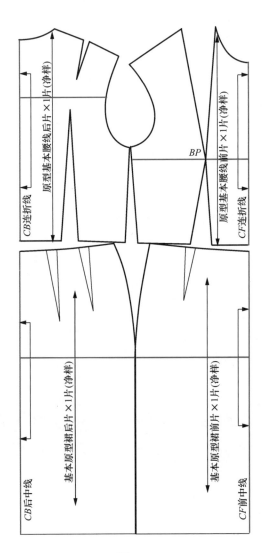

图2-47

3.4 无腰线连衣裙原型

无腰线连衣裙原型——样板调整

无腰线连衣裙是指在腰部没有分割线的合体连衣裙。

a. 选择适合的原型样板，无腰线连衣裙是有腰省的合体连衣裙，因此可以选择基本腰线原型样板（图2-48）。

b. 无腰线连衣裙原型虽然是有腰省的合体连衣裙，但由于腰线位置没有分割线，腰省的大小受到一定的限制，需要减少样板上的腰省量。

c. 将调整好腰省省量的基本腰线原型的前后中线垂直向下延长50cm作为裙长绘制在坯布上，别合胸省及肩线，坯布上架固定（图2-49）。

图2-49

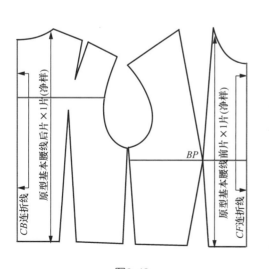

图2-48

无腰线连衣裙原型——立裁

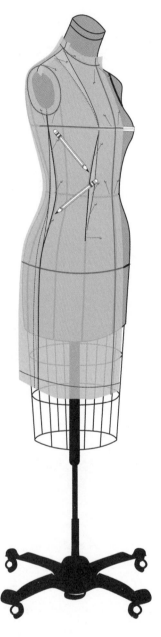

图2-50

a. 将调整好的样板绘制在坯布上，别合胸省及肩线，坯布上架固定（图2-50）。

b. 将原型前后腰省别合，垂直向下至腰围线下适当位置，并做标记，完成连衣裙腰省的绘制。

c. 将原型侧缝别合，至腰围线处沿人台侧缝线标记向下别合侧缝省量，并做标记，完成侧缝线的绘制。

d. 将做好标记的坯布下架展开，画顺各个标记线，依据新标记别合坯布，再次上架确认。

无腰线连衣裙原型——样板获得

将确认好的坯布展平，生成连衣裙原型样板（图2-51）。

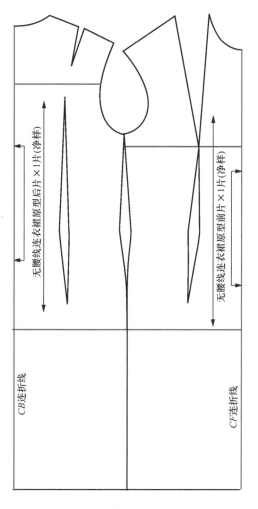

图2-51

无腰线连衣裙原型——样板总结分析

从无腰线连衣裙样板上可以看出因前后胸围的量不同，前后臀围的量不同，侧缝线并非是一条直接的垂线，因此这种由平立结合产生的无腰线连衣裙原型能够较为客观的反映人体特点，为设计师进一步的拓展设计提供了可靠的造型依据。

4．原型袖

袖子是服装中的主要组成部分，所谓袖子结构设计是通过与衣身袖窿弧线巧妙精准的结合来表现服装的整体美感和服装穿着的合体性和舒适性。因此配袖的质量直接关系到服装的整体品质。通常袖子的合适度首先取决于袖山高与袖窿深的关系，对于配袖的研究要以衣身的袖窿为基准，以人体胳膊的形态为依据进行造型。

4.1　原型袖与人体结构的关系

袖子是服装中最复杂的部位之一，直接影响上衣的肩袖造型和着装舒适性，牵涉到有动态要求的人体上肢和手臂的活动。

衣袖的造型设计既要追求舒适，同时也要讲究造型美观，主要体现在两大部位，即袖山和袖窿。袖山是服装款式中围绕人体臂根与身躯肩部转折造型的服装立体形态结构，袖山的造型设计集中体现在袖子和衣身的贴合程度上，可以用袖子倾斜角度来表示。对它的研究有利于把握人体形态与款式造型之间的适应性问题。

袖窿部位的造型设计主要是调整袖窿底部和人体腋下的贴合度。

4.2　一片袖原型

一片袖原型——坯布准备

a. 取出原型，将原型前后片侧缝线对合，将侧缝线向上延长6.5cm做垂线，与前后袖窿弧线相交，拷贝袖窿弧线的形状（图2-52）。

b. 量取人台胳膊的袖根围，然后适当放量2cm左右，以此确定坯布的宽度。

c. 在袖根肥线上取中画垂线为袖中线确定袖长。将坯布上的袖根肥线放置在原型上的袖窿深线处，向上量取约18cm，向下量取约40cm，确定出一片袖坯布的大小（图2-53）。

d. 依据原型腰线位置确定出坯布上的袖肘位置。

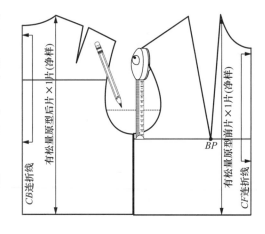

图2-52

e. 依据以上数据在坯布上绘制一片袖立裁基础线，将坯布放置在原型样板上，袖根肥线与袖中线的交点，与原型的袖窿腋下点对齐，沿侧缝线向下在原型腰围线处确定袖肘线。

一片袖原型——立裁

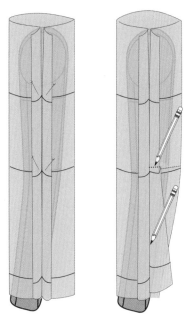

图2-54

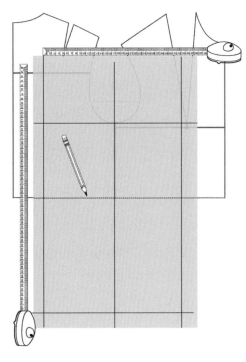

图2-53

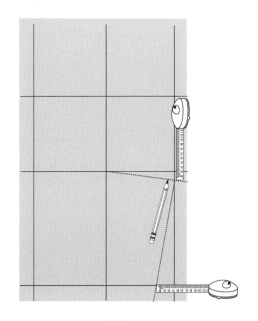

图2-55

a. 将准备好的坯布卷成桶状，沿3cm缝份处别合。

b. 将手臂置于圆筒之中，与坯布上的肘围线和手臂上的肘围线对合，别住。

c. 依据肘围线至手腕处胳膊的弯势和袖口围的尺寸，调整坯布后片的缝份量，并做标记（图2-54）。

d. 将坯布展开，依据标记画顺省道，再次别合好省道，放在胳膊上确认（图2-55）。

e. 将袖窿弧线裁片放置在筒状坯布的袖窿线以上，将袖窿弧线的中线各向两侧倾斜2cm，绘制出一片袖前后袖窿弧线，依据胳膊上手腕的位置，重新绘制袖口线（图2-56）。

f. 从坯布上取下袖窿弧线裁片，修剪前后片的腋下袖窿弧线部分，并打剪口。

一片袖原型——样板生成

a. 将原型前后片完整别合，与一片袖腋下部分别合，并在袖窿6.5cm线处打剪口。

b. 将手臂固定在人台上，坯布上架。

c. 将人台上的手臂向外抬起至袖山高约14cm处，依据衣身袖窿弧线在一片袖坯布上做标记（图2-57）。

d. 坯布下架整理，画顺各个线条，生成样板（图2-58）。

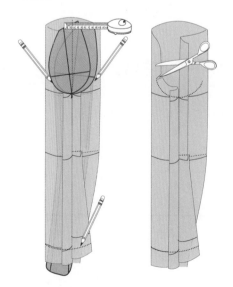

图2-56

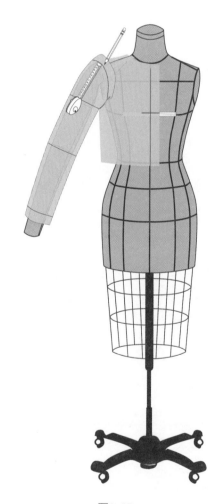

图2-57

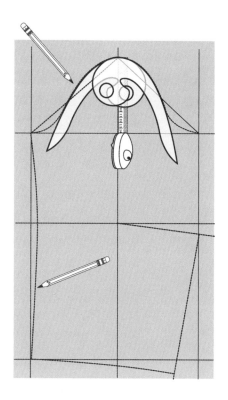

4.3 两片袖原型

两片袖原型——坯布准备

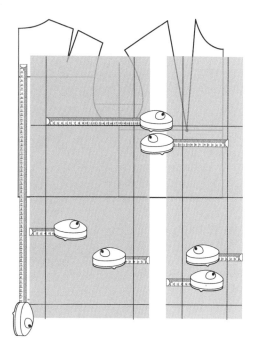

图2-59

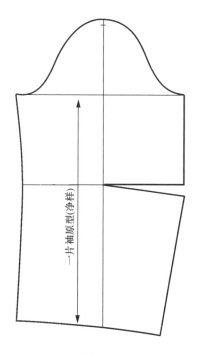

图2-58

a. 取出有松量原型，将原型前后片侧缝线对合，将侧缝线向上延长6.5cm后做垂线，与前后袖窿弧线相交，复制袖窿弧线的形状。

b. 测量出衣身袖窿弧线的长度为43cm，以3/4的袖窿弧线长度32cm为两片袖的袖根肥，确定袖长55cm，袖山高15cm左右（图2-59）。

c. 取出手臂，测量手臂大袖根肥18.5cm小袖根肥8.5cm。

d. 依据以上数据确定坯布的大小, 将手臂袖根肥适量放至成衣袖根肥, 即大小袖肥各增加2.5cm。

e. 将大袖坯布中线对齐手臂中线和袖肘线交点固定, 在坯布上绘制大袖中线。

f. 同样将小袖坯布中线对齐手臂内侧中线与袖肘线的交点固定, 在坯布上绘制小袖中线。

g. 依据手臂大小袖结构线位置, 将大小袖坯布别合为筒状 (图2-60)。

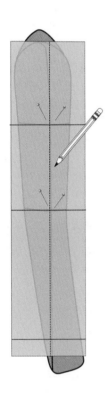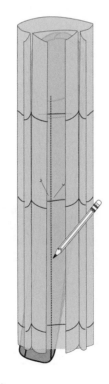

图2-60

两片袖原型——立裁

a. 依据胳膊的形状调整大小袖坯布的袖筒弧度, 在大小袖前片袖肘线上各向里1cm, 以适应胳膊前倾的弧度, 在大小袖后片袖肘线至袖口的部分, 依据胳膊弧度别合, 并作标记 (图2-61)。

b. 将大小袖坯布展平, 依据标记线修顺各个线条, 将修顺的大小袖坯布再次别合, 检查袖筒的弧度。

c. 依据袖口围尺寸, 重新标注袖口线。

d. 将衣身袖窿样板的腋下点, 对齐小袖的相应点放置, 固定这一对应点, 将袖窿样板分别向前后倾斜1.5cm, 绘制袖窿腋下与衣身重合的部分曲线 (图2-62)。

e. 将袖筒中的手臂取出, 依据画好的腋下弧线修剪小袖 (图2-63)。

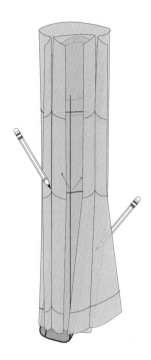

图2-61

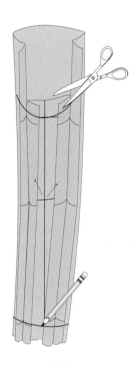

图2-63

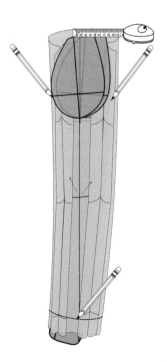

图2-62

两片袖原型——人台确认

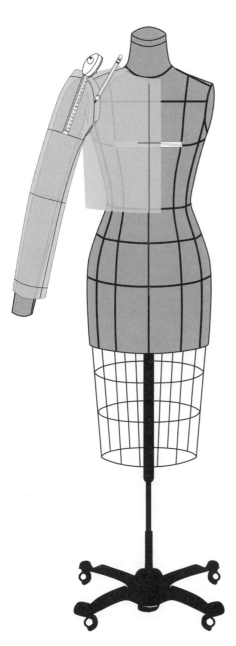

图2-64

a. 将有松量原型前后片完整别合，与小袖的腋下部分别合。

b. 将手臂固定在人台上，坯布上架。

c. 将人台上的手臂向外抬起至袖山高约15.5cm处，依据衣身袖窿弧线在大袖坯布上做标记（图2-64）。

d. 坯布下架整理，画顺各个线条（图2-65）。

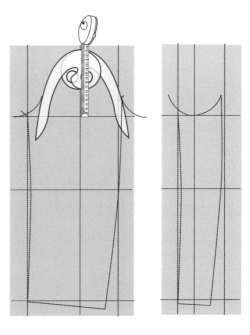

图2-65

两片袖原型——样板生成

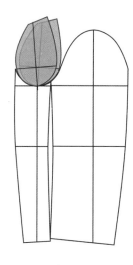

图2-66

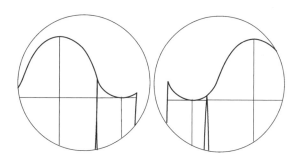

图2-67

a. 将修顺大小袖各个线条的坯布生成初级样板。

b. 对合大小袖片前片，取出袖窿弧线样板，将样板分别向前后各倾斜1.5cm，生成腋下弧线，以这条弧线为依据修顺大小袖的腋下弧线（图2-66）。

c. 将大小袖片的前后片对合，检查袖窿弧线，及时调整并修顺（图2-67）。

d. 测量袖窿弧线的长度，一般情况袖窿弧线比衣身长1cm左右作为吃量，吃量的大小通常依据款式及面料的特点来确定。测量袖根肥、袖肘围、袖口围，确定是否符合规定尺寸。

e. 分别对合前后片大小袖线，确定大小袖线对合的位置和吃量的部分（图2-68）。

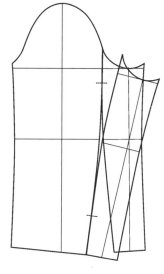

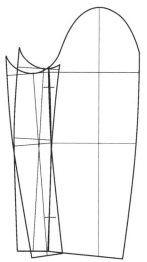

图2-68

f. 将对合检查后的初级样板生成正规
样板（图2-69）。

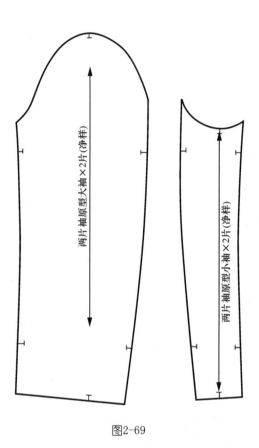

图2-69

叁　应用原型实现功能性结构线设计

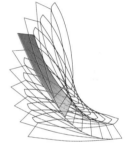

1. 通省结构线设计表现

1.1 原型中的基础结构线分析

设计师在工作时，常常是围绕着结构线的创意表现进行，其中服装功能性结构线因其符合人体而成为设计师核心的表现内容。设计师应用功能性结构线不仅可以表现人体完美的曲线，更可以结合创意表现出丰富变化的设计。平面的面料要能合体的覆盖人体，需在相应的部位设置省，在功能性结构线设计中，这些相应部位的省可以融合其中来展现结构线的创意和美感。设计师可以借用这种巧妙的结构线设计方法展现出具有人体优美曲线的创意设计来。

在图3-1中从人体的前、后、侧三个维度可以清晰地看出，在原型所表现的人体腰节以上的曲线结构中，前后片各有一个凸起点，分别是在后背宽线上的肩胛骨点和在胸围线上的胸高点。原型中用来塑型的省可以围绕这两个点来确定，省道线可以放置在经过这两个点的任何一个结构线位置上，如袖窿弧线、肩线、领窝线、前后中线、腰围线、侧缝线。

在图3-2中的基础原型图上，是这些省道结构线在平面中的位置表现。借用这个从立体人台剥离下来的平面省道结构线，可以自如地进行省道结构线设计。

下面文章中通过举例说明帮助设计师深入理解应用原型进行功能性结构线设计的方法。

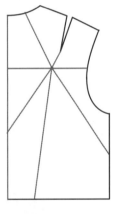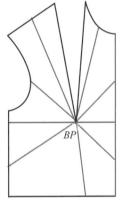

BP

图3-2

图3-1

1.2 传统公主线款式

传统公主线

传统公主线如图3-3所示。

图3-3

样板分析与调整

a. 打开原型基本腰线样板（图3-4）。

b. 依据款式调整前片胸省位置（图 3-5）。

c. 依据款式在坯布上绘制后片通省线 的位置（图3-6）。

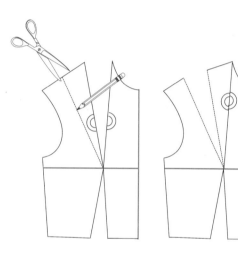

图3-5

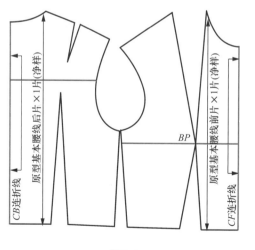

图3-4

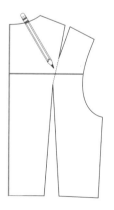

图3-6

传统公主线——后片立裁

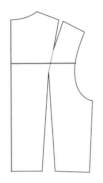

图3-7

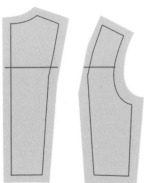

a. 将后片原型分割后，在坯布上绘出（图3-7）。

b. 将后中片与后侧片的后背宽线别合上架。

c. 依次别合两片的肩点和腰点。

d. 贴合人台标线别合后片公主线并做标记，再将坯布贴合人台侧缝线做标记（图3-8）。

e. 将人台上的坯布下架整理，依据标线修顺各个线条（图3-9）。

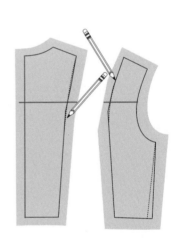

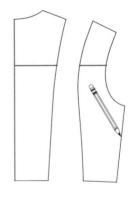

图3-9

图3-8

传统公主线——前片立裁

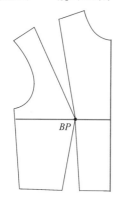

图3-10

a. 将原型基本腰线前片分割，在坯布上绘出前中片与前侧片（图3-10）。

b. 将前中片与前侧片BP别合上架。

c. 在人台上别合两片的肩点和腰点。

d. 贴合人台标线别合前公主线并做标记，贴合人台在坯布上标记侧缝线（图3-11）。

e. 将人台上的坯布下架整理，依据标记修顺各个结构线（图3-12）。

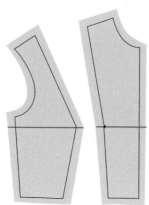

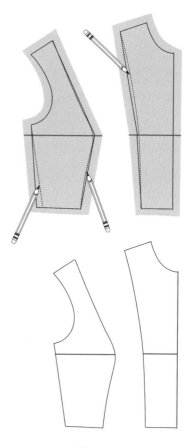

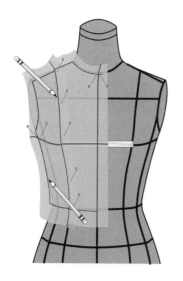

图3-11

图3-12

传统公主线——样板确认

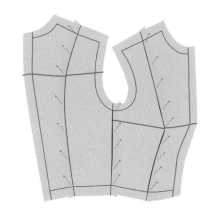

图3-13

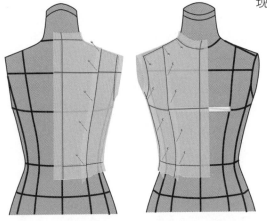

图3-14

a. 将立裁获得的前后片各个坯布，依据标记和对合位置别合在一起（图3-13）。

b. 将别合好的坯布上架，进行复核确保坯布上的胸围线水平、后片后背宽线水平、前后中线垂直、肩线及公主线与人台吻合（图3-14）。

c. 将复核后的坯布展平，生成传统公主线样板（图3-15）。

请注意：通过立裁和上架复核过程获得的公主线样板，其各个结构线都出现了曲线的变化。

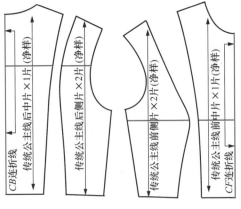

图3-15

1.3　刀背公主线款式

刀背公主线

　　刀背公主线如图3-16所示。

样板分析与调整

a. 打开原型基本腰线样板（图 3-17）。

b. 依据款式调整前片胸省位置，并进 行省道转移（图3-18）。

c. 依据款式绘制后片通省结构线的位 置，进行样片分割（图3-19）。

图3-16

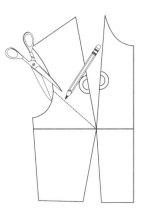
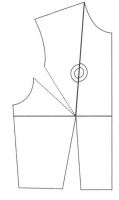

图3-18

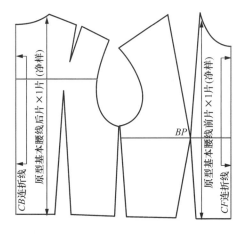

图3-17

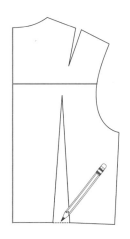

图3-19

刀背公主线——后片立裁

a. 将原型基本腰线分割后，在坯布上绘出（图3-20）。

b. 将后中片与后侧片在袖窿线和腰线别合上架（图3-21）。

c. 贴合人台别合后片刀背线，并做标记。

d. 将人台上的坯布下架整理，依据标线修顺各个线条（图3-22）。

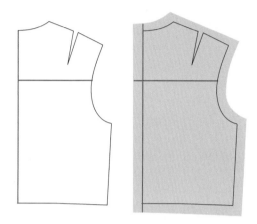

图3-20

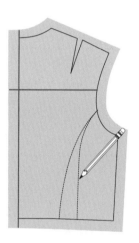

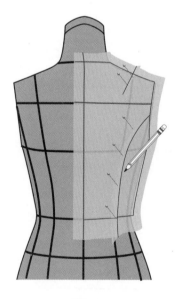

图3-21

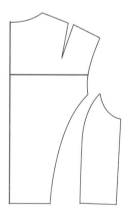

图3-22

刀背公主线——前片立裁

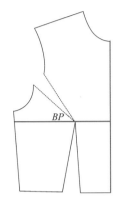

a. 将原型基本腰线前片分割，在坯布上绘出前中片与前侧片（图3-23）。

b. 将前中片与前侧片BP点别合上架。

c. 贴合人台标线别合前片刀背线并做标记。

d. 将坯布贴合人台侧缝线做标记（图3-24）。

e. 将人台上的坯布下架整理，依据标记修顺各个结构线（图3-25）。

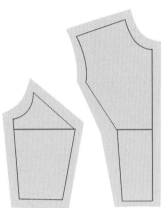

图3-23

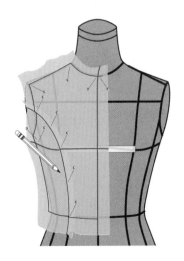

图3-24

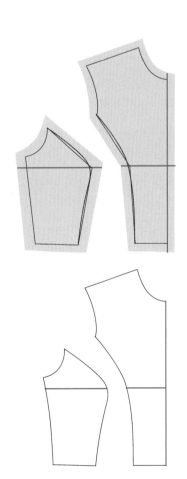

图3-25

刀背公主线——样板确认

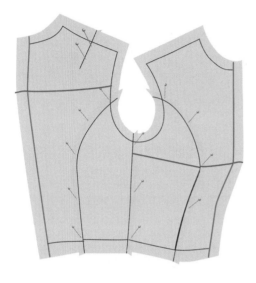

图3-26

a. 将立裁获得的前后片各个坯布，依据标记和对合位置别合在一起（图3-26）。

b. 将别合好的坯布上架，进行复核确保坯布上的胸围线水平、后片后背宽线水平、前后中线垂直、肩线及公主线与人台吻合、前后片袖窿弧线与人台吻合（图3-27）。

c. 将复核后的坯布展平，生成刀背公主线样板（图3-28）。

请注意：通过立裁和上架复核过程获得的刀背公主线样板，其各个结构线都出现了曲线的变化。

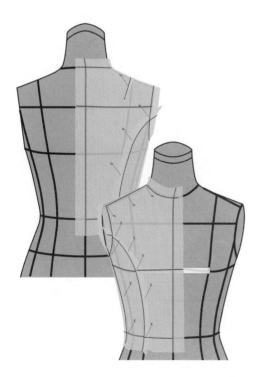

图3-27

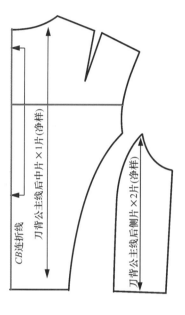

CB连折线

刀背公主线后中片×1片(净样)

刀背公主线后侧片×2片(净样)

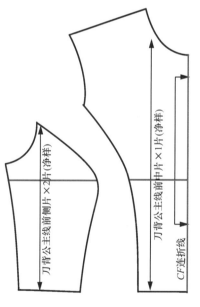

刀背公主线前侧片×2片(净样)

刀背公主线前中片×1片(净样)

CF连折线

图3-28

1.4 结论

公主线结构设计是功能性结构线款式中重要的一类，公主线在服装结构线上的广泛应用由来已久，这是因为这一结构线能够充分表现女性的"S"形曲线。女装的丰富变化中多表现在女性的肩、胸、腰、臀形成的曲线上，公主线能够将这些曲线巧妙地与人体融合。文中解读公主线的获得过程，不仅帮助设计师实现相应的设计，更可以充分理解人体曲线的平面表现，甚至可以将公主线发展为次原型，以方便设计师对于公主线的进一步拓展应用。

通过立裁和上架复核过程获得的公主线样板，其各个结构线都出现了曲线的变化，这种曲线的变化就是人体曲线的平面表现。设计师从这一过程中可以理解到人体前片肩部至胸部、胸部至腰部的曲线结构；理解人体后片肩部至肩胛骨、肩胛骨至腰部的曲线结构；理解人体侧缝处的曲线程度；以及理解这些部位的平面表现形式。在这一基础上设计师可以进行丰富的设计创意，如可以局部应用公主线进行造型设计、也可以变化公主线的曲线程度来表现设计特点等，进而为创意设计表现打下良好的基础。

2. 功能性结构线设计款式一

通常服装结构设计中的结构线可以从两个方面考虑，即功能性结构线和造型性结构线。功能性结构线是指为了适应人体曲线，并具有一定美感的结构线；造型性结构线是指为了造型需要而生成的结构线。这两种结构线在服装中占据着重要的位置，基本上服装的款式设计都是围绕着这两种结构线进行的。设计师应用原型来有效表现设计作品，首先需要分析作品中的结构设计特点，即分析作品中的结构线是以造型为主还是以功能为主，以此为基础选择相应的原型进行拓展应用。

2.1 款式说明

在图3-29的款式中，主要是将胸省这一功能性结构线进行了巧妙的变化设计，即在胸围线下适当位置分割前片，使得前片形成较完整的横向分割效果。同时在前中处设计一个活褶，既有功能性，也曾添了款式的细节语言。

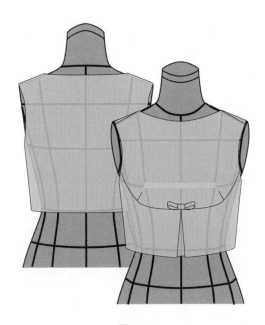

图3-29

2.2 样板分析

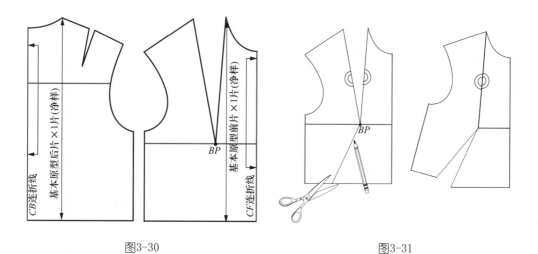

图3-30   图3-31

| 样板调整

a. 打开基础原型样板（图3-30）。

b. 依据款式调整前片胸省位置，并进行省道转移（图3-31）。

c. 依据款式，在后领窝和后袖窿处经省尖绘制分割线，沿分割线剪开样板，合并肩省，进行省道转移（图3-32）。

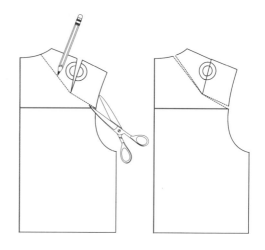

图3-32

2.3　立裁过程

后片立裁

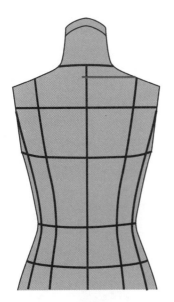

图3-33

a．将省道转换后的纸样，绘制在坯布上。

b．在人台上使用标线贴出款式结构线（图3-33）。

c．将后片坯布上架简单固定，在坯布上依据标线绘制款式结构线（图3-34）。

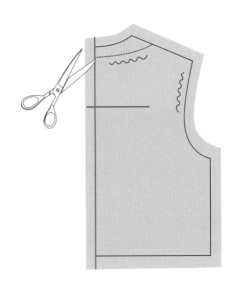

图3-34

前片立裁

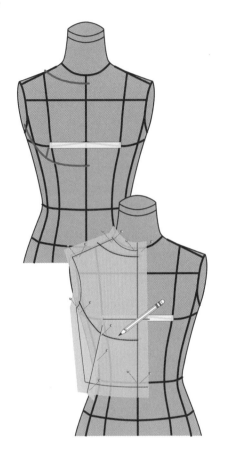

图3-35

a. 将省道转换后的纸样，绘制在坯布上。

b. 在人台上使用立裁标线标出款式结构线。

c. 将坯布上的省道别合后，放置在人台上，简单固定后，在坯布上绘制款式结构线（图3-35）。

d. 将坯布下架整理，剪开结构线，调整省尖位置，加出前中褶量，重新绘制在坯布上二次上架确认（图3-36、图3-37）。

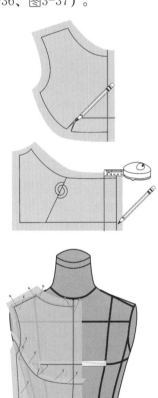

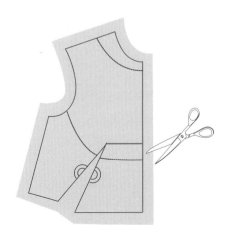

图3-36　　　　　　　　　　图3-37

2.4　样板获得

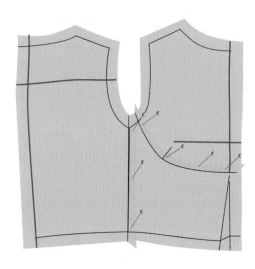

图3-38

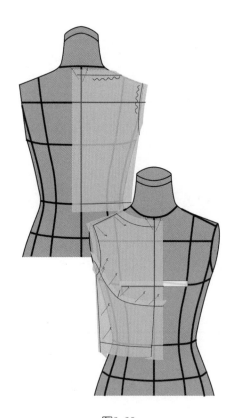

图3-39

a. 将二次上架获得前后片的样片绘制在坯布上，依据标记和对合位置别合在一起（图3-38）。

b. 将别合好的坯布上架确保坯布上的胸围线水平，前中线垂直、后片确保后背宽线水平，后中线垂直（图3-39）。

c. 上架复核之后，依据新标记下架再次修顺各个线条，获得款式样板（图3-40）。

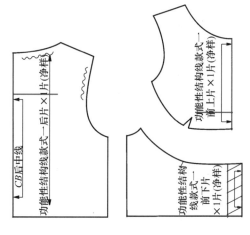

图3-40

前面章节中详细解读了功能性结构线的设计实现方法，设计师借用这种方法可以较为感性地进行设计，而摆脱了通常在样板制作中复杂的数据计算，以此更好地表达设计理念。

3. 功能性结构线设计款式二

3.1 款式说明

　　在图3-41中，是一款合体的、有贴边装饰线的背心设计，其中款式中的贴边装饰线设计的位置经过胸高点，巧妙地与塑形省道结合起来。

图3-41

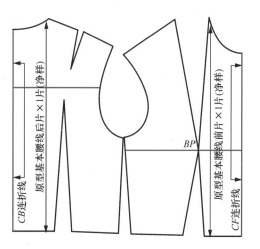

图3-42

3.2 样板分析

样板调整

a. 依据款式选择基本腰线原型样板来应用（图3-42）。

b. 在前片样板中，依据款式大致确定胸省位置，将原型中的胸省和腰省合并进行省道转移（图3-43）。

c. 款式图中后片没有肩省和腰省，需要拼合原型中后片的肩省和腰省，具体方法是自袖窿弧线上的肩胛骨线开始剪开，至肩省省尖的位置，并将省量进行转移（图3-44）。

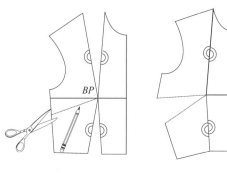

图3-43

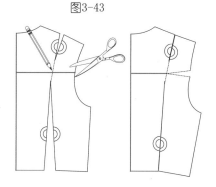

图3-44

3.3 立裁过程

后片立裁

a. 将省道转换后的纸样，绘制在坯布上。

b. 在人台上使用标线贴出款式结构线。

c. 将后片坯布上的省道别合后，简单固定，在坯布上依据标线绘制款式结构线（图3-45）。

d. 将坯布下架剪开结构线，并拼合转换后的省道，生成初级样片后，重新绘制在新的坯布上（图3-46、图3-47）。

e. 将新坯布按结构线别合，进行二次上架调整，并做标记（图3-48）。

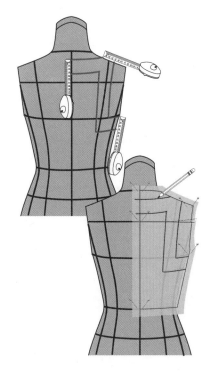

图3-45

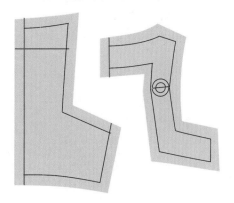

图3-47

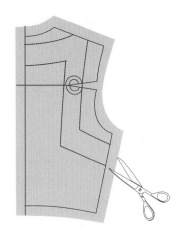

图3-46

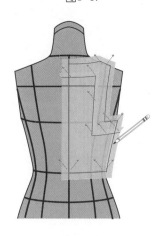

图3-48

前片立裁

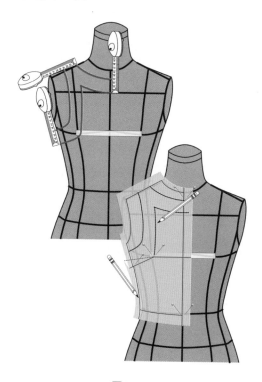

图3-49

a. 将省道转换后的纸样，绘制在坯布上。

b. 在人台上使用立裁标线标出款式结构线。

c. 将坯布上的省道别合后，放置在人台上，简单固定，在坯布上绘制款式结构线（图3-49）。

d. 将坯布下架整理（图3-50），剪开结构线，重新绘制在坯布上（图3-51），进行二次上架调整，并做标记（图3-52）。

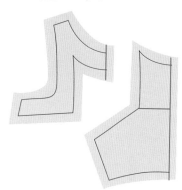

图3-51

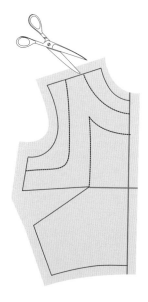

图3-50

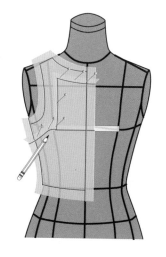

图3-52

3.4 样板获得

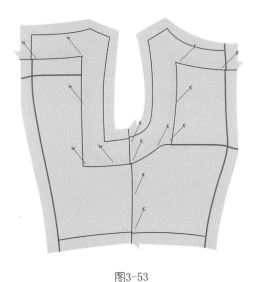

图3-53

a. 将坯布二次上架重新标记后，获得前后片，将样片绘制在坯布上，将前后各个样片坯布，依据标记和对合位置别合在一起（图3-53）。

b. 将别合好的坯布上架，确保坯布上的胸围线水平，前中线垂直、后片确保后背宽线水平，后中线垂直（图3-54）。

c. 上架复核之后，依据新标记下架再次修顺各个线条，获得款式样板（图3-55）。

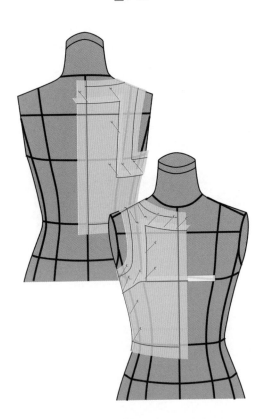

图3-54

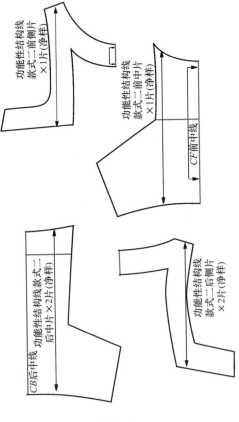

图3-55

肆 应用原型实现造型性结构线设计

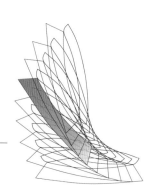

1. 造型性结构线设计款式一

2. 造型性结构线设计款式二

3. 造型性结构线设计款式三

1. 造型性结构线设计款式一

人体是三维的，相应的服装也是三维的结构，即它必须有长度、宽度和深度。设计师在设计之初，有必要形成在三维人体上想象一款服装的合体情况、曲线轮廓和立体造型等思维习惯。怎样有效地获得款式的外观轮廓线和合体性，原型成为很好的选择。在前面章节中介绍了如何应用原型实现较为合体的成衣设计，实现功能性结构线的设计。在这基础上，原型还可以帮助设计师进一步进行拓展设计，大胆地进行服装造型的结构线变化，设计师的创意设计可以根据原型加上需要的放松量或者变化量来完成。因此，应用原型可以有效帮助设计师高效准确地实现创意设计。

1.1 款式说明

在服装款式设计中，褶是服装设计中运用较多的设计语言，在有褶量设计的服装中常常表现出丰富的层次，同时因为褶量相对于省量有更大的放松量，因此这一类的服装使人穿着起来感觉非常舒适。如图4-1所示，款式设计利用前片的横向褶收放有序的排列，以此表现出款式的造型效果。

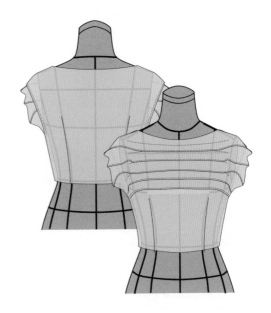

图4-1

1.2　样板分析

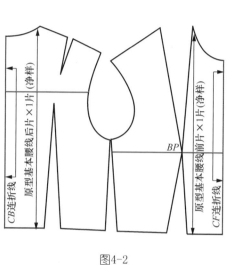

图4-2

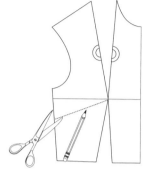
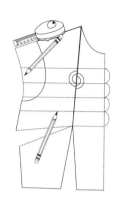

图4-3

样板调整

a. 依据款式首先选择基本腰线原型样板（图4-2）。

b. 取出前片样板，依据款式调整前片胸省位置进行省道转移、然后延长肩线，画顺袖窿弧线、依据款式绘制前片打褶位置（图4-3）。

c. 取出后片样板，依据款式合并后片肩省，延长肩线，画顺后片袖窿弧线（图4-4）。

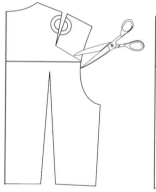
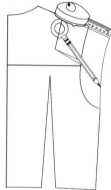

图4-4

图4-5

1.3 立裁过程

后片立裁

a. 将调整好的后片纸样，绘制在坯布上。

b. 在人台上使用标线贴出款式结构线（图4-5）。

c. 别合后片坯布上的腰省，上架后简单固定，在坯布上依据标线绘制款式结构线（图4-6）。

d. 将后片坯布下架展平，画顺各个结构线（图4-7）。

前片立裁

a. 将调整好的纸样中需要褶量的部分剪开，绘制成新的纸样，并做好标记绘制在坯布上备用（图4-8）。

b. 在人台上使用立裁标线标出款式结构线。

c. 将坯布上的省道和各个褶量别合后，放置在人台上简单固定，在坯布上绘制款式结构线（图4-9）。

d. 将坯布下架整理，进行修剪，调整省尖位置，重新在坯布上绘制（图4-10）。

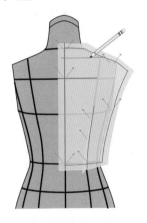

图4-6

图4-7

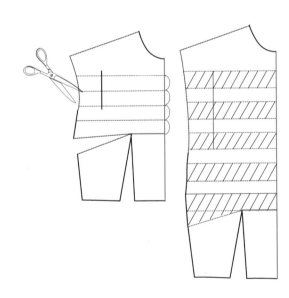

图4-8

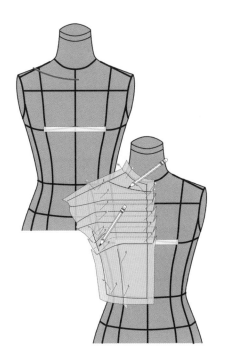

图4-9

1.4　样板获得

a. 将二次上架获得前后片的样片绘制
在坯布上，依据标记和对合位置别
合在一起。

b. 将别合好的坯布上架，注意确保前
片坯布上的胸围线水平，前中线垂
直；后片确保后背宽线水平，后中
线垂直（图4-11）。

c. 上架复核之后，依据新标记下架再
次修顺各个线条，获得款式样板
（图4-12）。

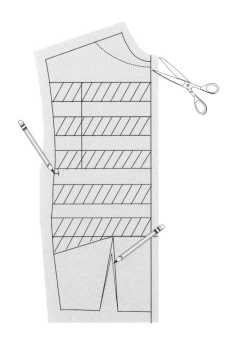

图4-10

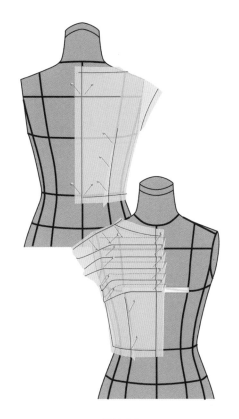

图4-11

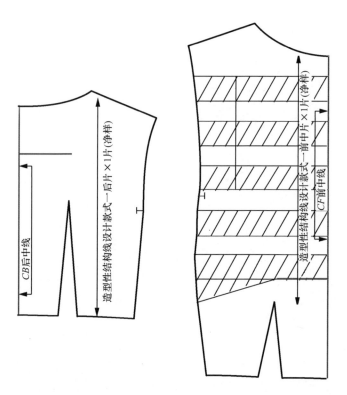

图4-12

2. 造型性结构线设计款式二

2.1 款式说明

　　松身褶的款式设计通常与人体在某一个或几个部位贴合，其他部分则有较大松量，设计师借用原型来实现设计可以有效地把握褶量的大小，精确褶量的位置，在这一基础上还可以进一步完善以及补充设计细节。

　　图4-13中是一款完全的松身褶设计，所谓完全是指褶量分布在衣身的各个部位并在前后领口、腰部和袖窿处依据人体捏合褶量，这些褶量，尤其是腰部的活褶组合生成具有动感的款式结构线。这类成衣穿着后会更加舒适，同时人体的曲线也可通过腰部的褶量来表现。

图4-13

2.2　样板分析

样板调整

a. 依据款式特点，首先选择基本原型
样板（图4-14）。

b. 取出前片样板，依据款式调整前片
胸省位置转移至腰线上，延长肩线
6cm，画顺袖窿弧线（图4-15）。

c. 依据款式合并后片肩省，延长肩
线6cm，画顺后片袖窿弧线（图
4-16）。

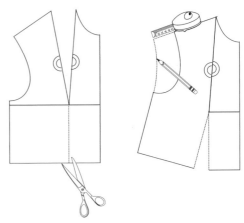

图4-15

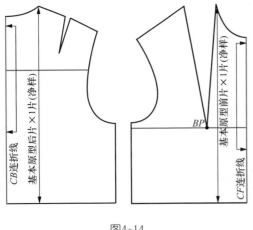

图4-14

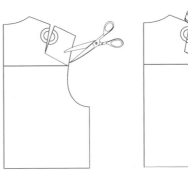

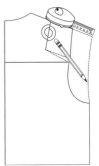

图4-16

2.3　立裁过程

后片立裁

a. 在人台上使用标线贴出款式结构线
（图4-17）。

b. 依据人台标线位置，在样板上大致
绘制后领窝弧线，并绘制后领褶等
分线位置。由后领处剪开等分线，
后领线上每个褶量为2.5cm（图
4-18）。

c. 将后领褶量别合后上架固定，调整
和确认褶量的大小和位置，依据标
线在坯布上画出后领窝弧线。下架
整理坯布，画顺领窝弧线以及各个
褶位（图4-19）。

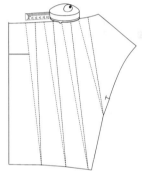

图4-18

图4-17

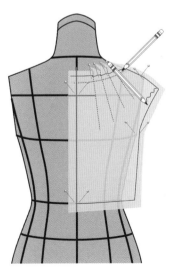

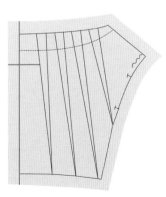

图4-19

前片立裁

a. 在人台上使用标线贴出款式结构线
（图4-20）。

b. 依据人台标线位置，在样板上大致
绘制前领窝弧线，并绘制前领褶等
分线位置。由前领处剪开等分线，
在前领线上确定的每个褶量略大于
等分线末端的褶量（图4-21）。

c. 将前领褶量别合后上架固定，调整
和确认褶量的大小和位置，依据标
线在坯布上画出前领窝弧线，下架
整理坯布，画顺领窝弧线以及各个
褶位（图4-22）。

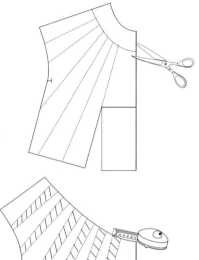

图4-21

图4-20

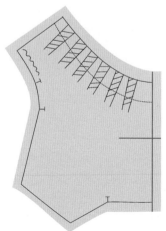

图4-22

2.4 样板获得

a. 将二次上架获得前后片的样片绘制在坯布上，依据标记和对合位置别合在一起，上架复核（图4-23）。

b. 确认坯布结构线与人台标线相符，尤其注意袖窿围度与人体实际臂根围要有一定松量，腰线围度同样要大于人台腰线围度。

c. 展平坯布获得款式样板（图4-24）。

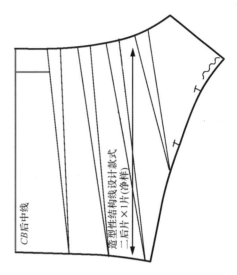

造型性结构线设计款式二后片×1片（净样）

CB后中线

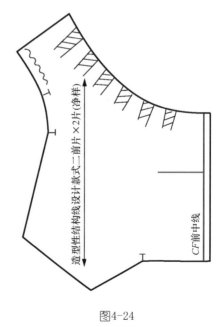

造型性结构线设计款式二前片×2片（净样）

CF前中线

图4-24

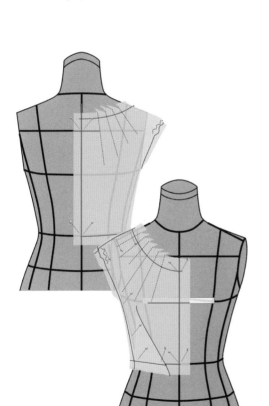

图4-23

3. 造型性结构线设计款式三

3.1 款式说明

　　款式设计中，表现造型的手法多种多样，在前面章节中通过横向褶、定位褶等手法表现造型设计。图4-25所示的款式中，造型设计的表现聚焦在肩部，款式整体较为合体，主要的设计亮点在于肩部褶的局部造型，碎褶形成的夸张造型与合体的衣身相呼应，不仅在视觉上感受到造型节奏之美，同时又给人以一种俏皮可爱的感觉。由此肩部的褶皱造型很好地表现出穿着者的个性语言。

3.2 衣身样板分析

样板选择

　　在图4-25中，款式分为衣身以及肩部有褶造型的外层袖。依据款式的结构特点，可以首先选择基本原型样板以及基础一片袖原型样板备用（图4-26）。

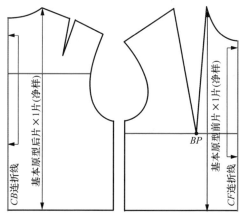

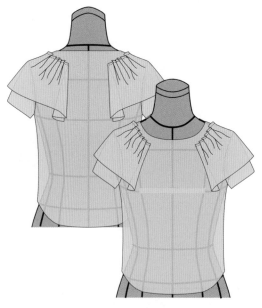

图4-25

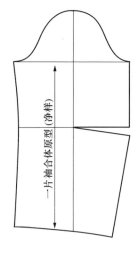

图4-26

| 衣身样板调整

a. 依据款式取出基础原型前片样板，首先将原型中前片的胸省位置转移至袖窿处，然后确定衣长，绘制出底边形状（图4-27）。

b. 依据款式，后片肩省不变，直接确定衣长，绘制底边形状（图4-28）。

c. 款式中的袖子是较为合体的基本袖型，因此可以直接选择由基础原型生成的基础一片袖样板来应用，如图4-29所示，直接在原型一片袖样板上确定袖长的位置。

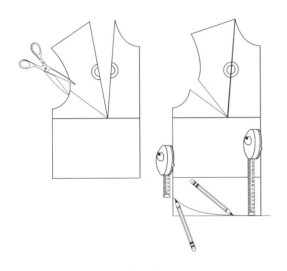

图4-27

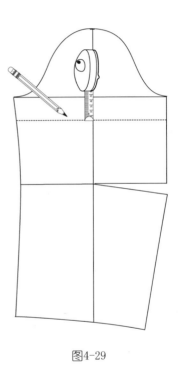

图4-29

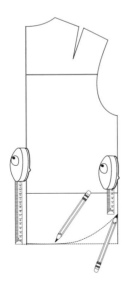

图4-28

3.3 衣身立裁

a. 将调整好的前后衣片及袖片样板绘制在坯布上备用（图4-30）。

b. 在人台上依据款式贴标线，如图4-31所示，在人台的前后领窝处贴标线标注款式的领窝位置。

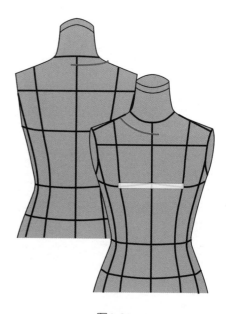

图4-31

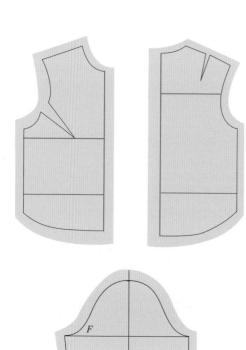

图4-30

c. 坯布别合：首先将坯布中的各个省道别合，别合侧缝线与肩线，之后依据前后袖子的对位点以及袖中线的位置与衣身别合在一起。

d. 坯布上架：将别合好的坯布上架，首先依据前后中线与人台固定，然后依据人台上的领窝标线在坯布上绘制出来。

e. 在坯布上确定外层袖褶造型的位置（图4-32）。

f. 坯布下架后，将坯布展平，画顺领窝弧线，确认坯布上的红色标线位置（图4-33）。

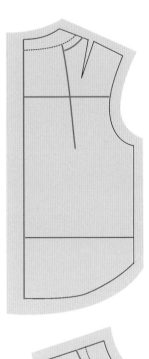

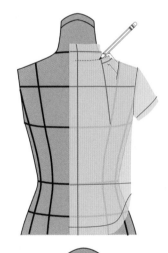

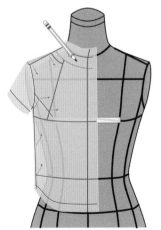

图4-32

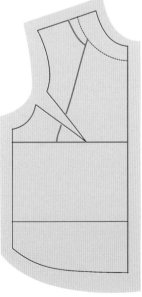

图4-33

3.4 造型袖样板分析

a. 如图4-34所示，将立裁获得的衣身样板的前后片肩线对合，依据样板上的红色标线位置确定出造型袖的廓型。

b. 将造型袖廓型完整绘制出来，平均分割出6份，并按顺序编辑相应的号码以确保样板分割后能够顺序排列（图4-35）。

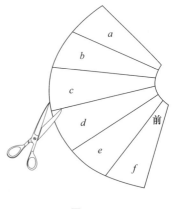

图4-35

c. 将编好顺序的造型袖廓型进行分割，分割的尺寸取决于造型的要求（图4-36）。

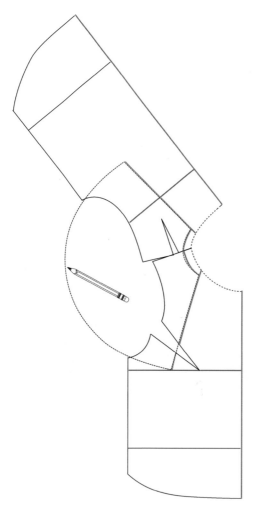

图4-34

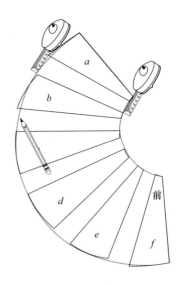

图4-36

3.5　造型袖立裁

坯布准备

将分割好的造型袖廓型绘制在坯布上备用（图4-37）。

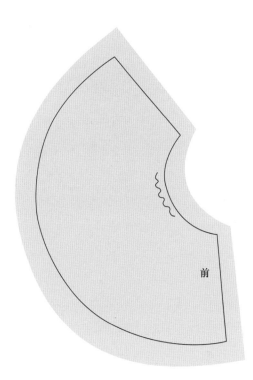

前

图4-37

造型袖立裁

a. 依据造型袖的领窝尺寸，在坯布上抽碎褶（图4-38）。

b. 将抽好碎褶的造型袖，对合衣身上的标线进行固定。

c. 确认好造型袖上的各个位置后，使用红色标线贴出外层造型袖袖口的长度与弧度。

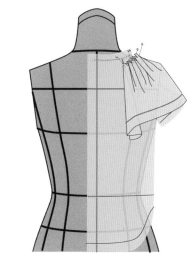

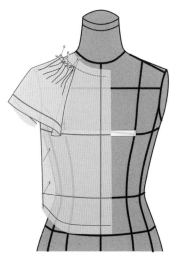

图4-38

3.6　样板获得

衣身样板生成

a. 将完成衣身立裁的坯布展平。

b. 依据确认的标记线将各个结构线修顺。

c. 依据新的结构线标记再次别合上架进行确认。

d. 立裁复核后，由坯布中的结构线生成样板（图4-39）。

造型袖样板生成

外层造型袖的造型效果主要是通过碎褶的褶量来塑造的，需要通过立裁的手法反复复核确认，经复核确认后将坯布下架整理展平，修顺结构线获得样板（图4-40）。

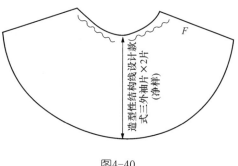

图4-40

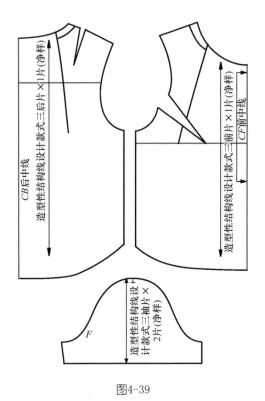

图4-39

伍　原型裙的应用

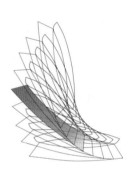

1. 省道变化裙的设计实现

设计师在确认了人台上是正确的原型裙之后，便可以很好地借助这个原型来实现创意。通常原型裙主要的结构变化在腰臀之间，裙装的设计也是主要围绕着这一部位来展开的。例如可以将裙装分为高腰裙、低腰裙、合体裙、喇叭裙等类别进行设计。文章中以裙装的款式为分类一一解读原型裙的应用方法，并以同样方式说明原型连衣裙的应用方法，以期通过例证说明的方式为设计师提供实现创意的借鉴方法。

要有效地获得裙装的外观轮廓线，需要以裙原型为各种裙款式变化的基础。因为，裙原型是由立体裁剪获得的平面样板，是平面裁剪和立体裁剪两种裁剪方式相互转换的良好桥梁，通过裙原型可以有效地帮助设计师建立起空间思维的习惯。应用原型裙实现设计，同应用原型上衣的设计实现方法一样，首先要了解裙装款式中的廓型特点和结构线特点，在裙装的造型设计中，可以借助视觉原理改变人体的自然形态，创造出理想比例的完美造型，运用分割线的形状、位置和数量的不同组合，形成裙装的不同造型。

设计师应用原型裙来表现设计作品时，需要分析作品中的结构设计特点，并以此为基础分析及调整裙原型样板进行拓展应用。在下文中将通过实例说明各种裙装款式的实现过程，设计师可以灵活借用文中介绍的方法来实现自己的创意作品。

1.1　款式说明

　　原型裙中省量分布在前后片的腰围线上，而省尖的位置依据人体前后片腹部与臀部的凸起点不同而有所不同。设计师在应用省道进行设计时需要考虑人体的结构特点。

　　在图5-1中是一款省道设计的裙装，款式中的省道不仅位置不在腰围线上，而且省道的形状也是曲线的，这种曲线的省道设计需要设计师借助人体来较完美的表现这种具有设计感的功能性结构线。

1.2　样板分析

　　在前面章节中，原型裙样板是通过对人体腰部至膝盖之间距离的曲线进行概括性包裹而形成的。因此在实现图5-1的款式过程中，可以先取出基础原型裙样板做为实现设计的基础（图5-2）。

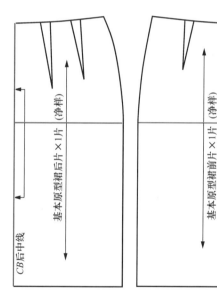

基本原型裙后片×1片（净样）　CB后中线

基本原型裙前片×1片（净样）　CF前中线

图5-2

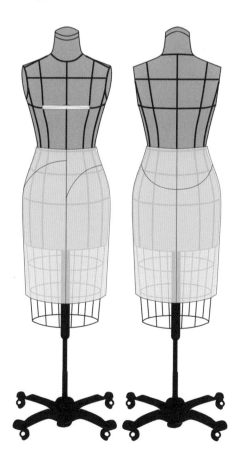

图5-1

1.3　前片立裁

┊ 前片立裁

a. 依据款式结构线在人台上贴出标
　 线。

b. 将基本裙原型前片样板绘制在坯布
　 上，别合腰省（前片结构线设计为
　 不对称式，因此需要准备完整的前
　 片坯布备用）。

c. 坯布上架，依据人台标线，在坯布上
　 绘制结构线（图5-3）。

┊ 前片复核

a. 将标记好结构线的前片坯布下架整
　 理，拼合腰省，剪开结构线，修顺
　 曲线（图5-4）。

b. 别合修顺后的坯布，二次上架调整确
　 认，并做标记（图5-5）。

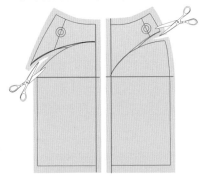

图5-4

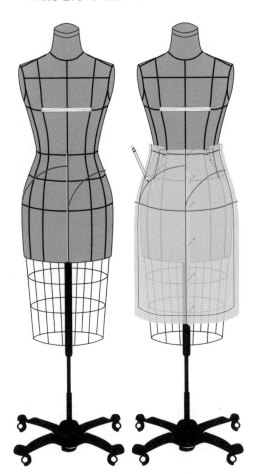

图5-3

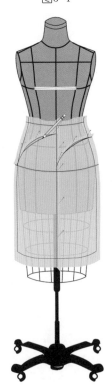

图5-5

1.4　后片立裁

后片立裁

a. 在人台上标出款式结构线。

b. 将裙原型后片样板绘制在坯布上，别合腰省后上架，依据人台绘制结构线（图5-6）。

后片复核

a. 将标记好结构线的后片坯布下架整理，拼合腰省，剪开结构线，并修顺曲线。

b. 别合修顺后的坯布，二次上架调整确认，并做标记（图5-7）。

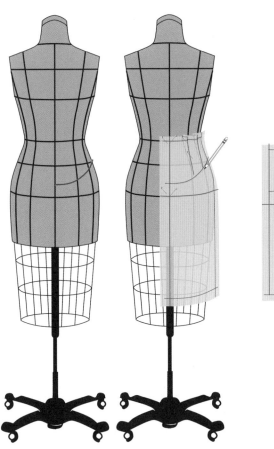

图5-6

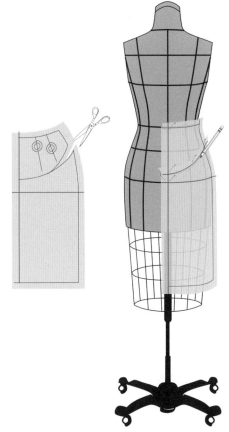

图5-7

1.5　样板获得

a. 将修顺好的前后片坯布别合好上
　 架。
b. 检查坯布合体度、款式结构线位
　 置、确认前后中线垂直、侧缝线与
　 人台吻合（图5-8）。
c. 将确认后的坯布下架展平生成样板
　 （图5-9）。

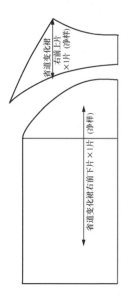
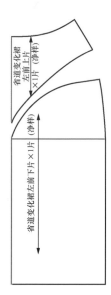

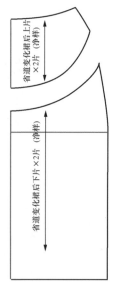

图5-9

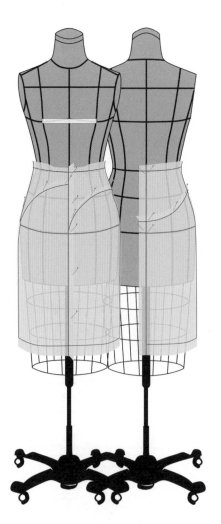

图5-8

　　从上文中介绍的省道变化裙款式实
现的过程中可以看出原型裙的重要作
用，设计师可以借助于平面的原型样板
在立体的人台上充分发挥创意想象进行
设计，这是一个感性成型的过程，也是
适用于设计师进行成衣实现的过程。

2. 高腰裙的设计实现

2.1 款式说明

　　人体躯干部分最细的位置是腰围线，也是各种女装设计重点表现的部位，在裙装设计中腰围线的高低变化使裙装表现的内容更加丰富。图5-10中是一款高腰裙款式，腰部的结构线设计需要贴合人体，前短后长的大裙摆设计需要设计师把握好裙摆量的大小，以及前后片弧度的美感，设计师通过有收有放的设计节奏来增强裙子的表现力。

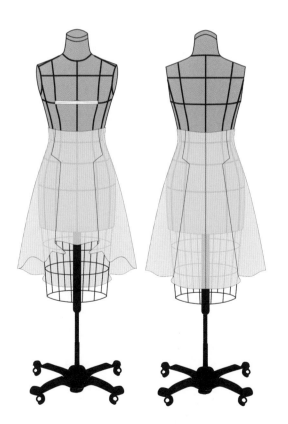

图5-10

2.2 样板分析与调整

a. 取出原型裙样板（图5-11）。

b. 依据款式在原型裙样板上将腰围线提高4cm。

c. 款式中，裙子的底摆为前短后长，依据款式将样板中的前中线缩短，后中线延长，并画顺两点间的距离（图5-12）。

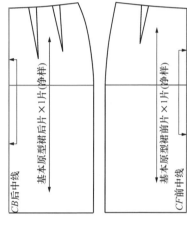

图5-11

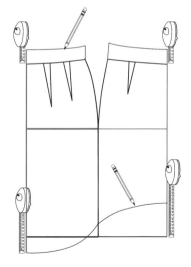

图5-12

2.3 前片立裁

前片初级立裁

a. 依据款式结构线在人台上贴出标线
（图5-13）。

b. 将调整后的前片样板绘制在坯布
上，坯布上架，别合腰省，依据人
台绘制结构线（图5-14）。

图5-14

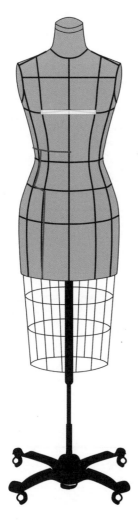

图5-13

前片造型立裁

a. 将初级立裁后的坯布下架，将前片省尖向下绘制垂直线（图5-15）。

b. 沿垂线和腰省线剪开样板，合并腰省，省量转移至裙摆，并依据款式适当加大裙摆量（图5-16）。

c. 将分割后的各个样片绘制在坯布上，修顺裙摆弧度（图5-17）。

d. 将坯布的前中片与前侧片别合，上架对应坯布上的前中线与臀围线的位置与人台固定，在人台上立裁确认腰高的位置、裙底边的长短、裙摆的大小等前片裙的造型。

e. 确认好前裙片的造型后，使用红色标线贴出裙底边线（图5-18）。

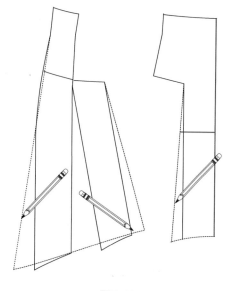

图5-16

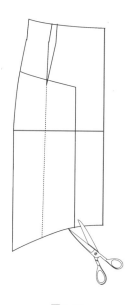

图5-15

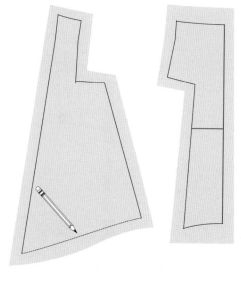

图5-17

2.4　后片立裁

后片初级立裁

a. 在人台上标出款式结构线（图 5-19）。

b. 将调整后的后片样板绘制在坯布 上，别合腰省后上架，依据人台标 线绘制结构线（图5-20）。

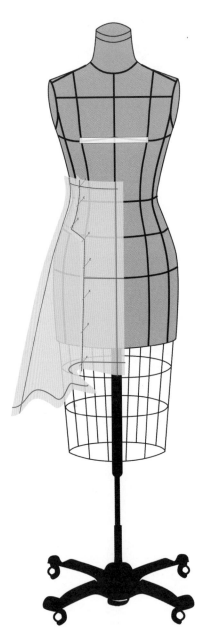

图5-18

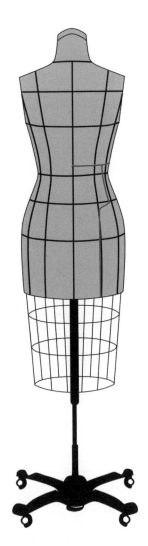

图5-19

后片造型立裁

a. 将初级立裁后的后片裙坯布下架整理，确认需要剪开的结构线位置，沿结构线剪开样片（图5-21）。

b. 将分割后的各个样片绘制在坯布上（图5-22）。

c. 将后片坯布别合后，上架确认造型，并在后片裙摆处贴红色标线标注（图5-23）。

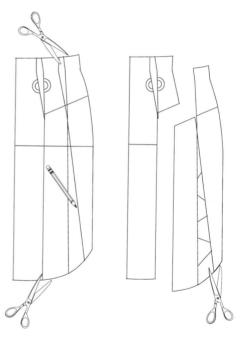

图5-21

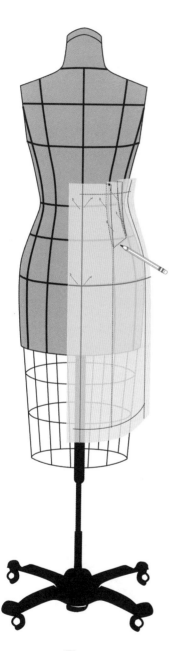

图5-20

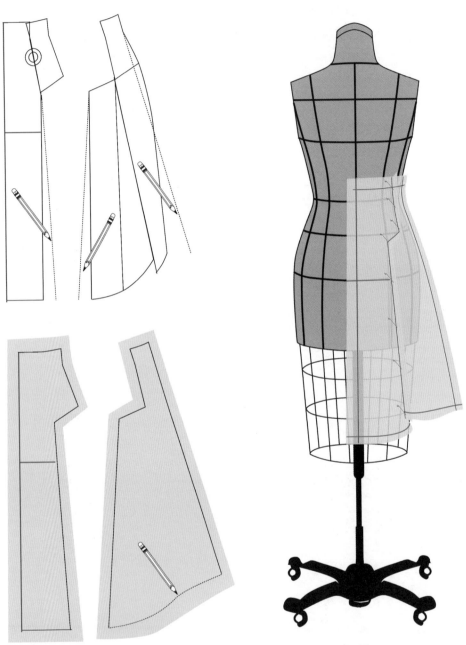

图5-22

图5-23

2.5　样板获得

a. 将确认后的坯布下架展平修顺裙摆（图5-24）。

b. 将修顺好的坯布上架复核，检查坯布合体度、款式结构线位置、确认前后中线垂直、侧缝线与人台吻合、确认裙摆的弧度。

c. 坯布复核后，下架展平生成高腰裙样板（图5-25）。

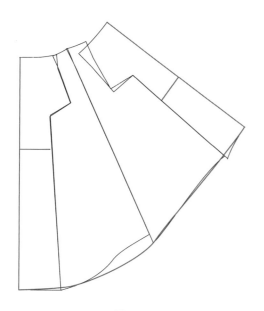

图5-24

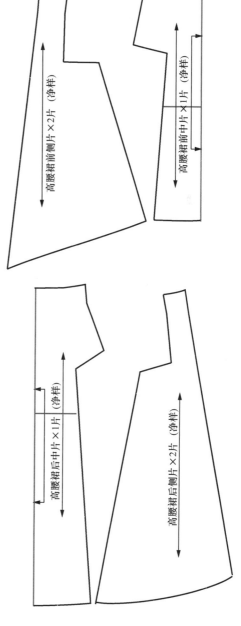

高腰裙前侧片×2片（净样）

高腰裙前中片×1片（净样）

高腰裙后中片×1片（净样）

高腰裙后侧片×2片（净样）

图5-25

3. 低腰裙的设计实现

3.1 款式说明

　　低腰裙是腰线设计低于人体腰线的款式，其腰围量的确定要以人体相应位置的围度为准。在图5-26中的低腰短裙款式中，结构线有着巧妙的设计，前片的贴袋形分割线将前腰省包含其中，并且与后片相连形成完整的结构曲线。同时，前中线处有一个活褶设计便于活动以及增强动感。

图5-26

3.2　样板分析与调整

a. 依据款式选择基础裙原型样板（图
　5-27）。

b. 依据款式，将腰围线降低3cm，确定
　裙长，比原型短17cm。

c. 调整后片样板，沿距侧缝近的省的
　省尖向下画垂线、沿垂线分割样
　板，拼合腰省（图5-28）。

d. 调整前片样板，将前中线加出2.5cm
　前褶量（图5-29）。

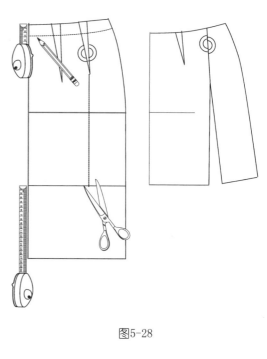

图5-28

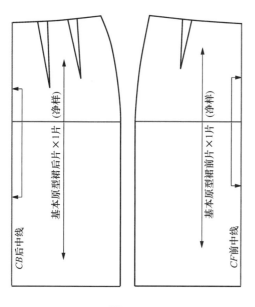

图5-27

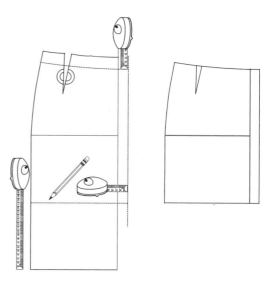

图5-29

3.3 前片立裁

前片初级立裁

a. 依据款式结构线在人台上贴出标线
    （图5-30）。

b. 将调整后的前片样板绘制在坯布
    上，坯布上架，依据人台标线位置
    确定前腰省，并依据标线在坯布上
    画出结构线（图5-31）。

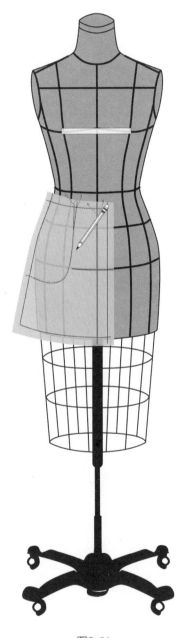

图5-31

图5-30

前片造型立裁

a. 将人台上的坯布下架整理，修顺曲
   线结构线，剪开绘制好的结构线，
   并拓在新的坯布上（图5-32）。

b. 别合分割后的坯布，上架立裁调整
   确认（图5-33）。

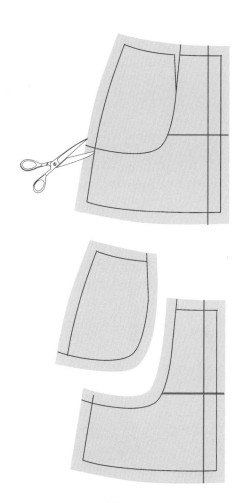

图5-32

图5-33

3.4　后片立裁

后片初级立裁

a. 在人台上标出款式结构线（图 5-34）。

b. 将调整后的后片样板绘制在坯布上，别合腰省后上架，依据人台绘制结构线（图5-35）。

图5-35

图5-34

｜后片造型立裁

a. 将初次上架的坯布展平，依标记画
  顺结构线（图5-36）。

b. 沿结构线剪开坯布。

c. 将分割后的各个坯布样片再次绘制
  在新的坯布上，上架复核确认（图
  5-37）。

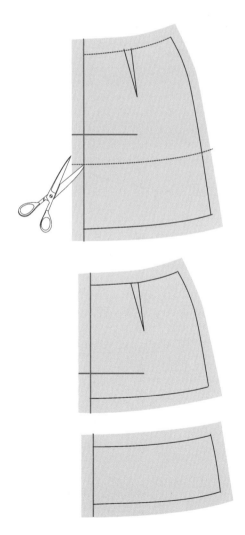

图5-36

图5-37

3.5　样板获得

a. 将修顺好的前后片坯布别合好上架
（图5-38）。

b. 检查坯布合体度、款式结构线位
置，确认前后中线垂直、侧缝线处
前后片分割结构线是否对合。

c. 将确认后的坯布下架展平生成样板
（图5-39、图5-40）。

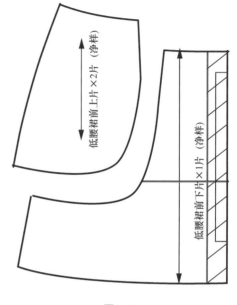

图5-39

图5-38

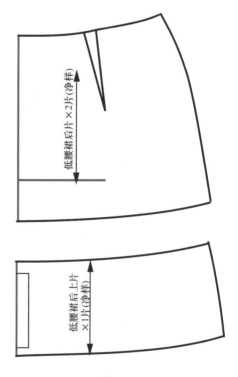

图5-40

4. 变化款式裙的设计实现

4.1 款式说明

在图5-41中是一款突出腰线活褶变化设计的短裙，款式中的造型是由立裁腰部活褶量形成的，设计师在进行造型时须把握好前后褶量的分配以及褶的宽度与位置，这需要设计师具有良好的立裁造型能力。

图5-41

4.2　样板分析与调整

a. 依据款式选择相应的裙原型样板
   （图5-42）。

b. 调整样板前后片侧缝线，下摆向外
   3cm，与侧缝线上的臀围点相连至腰
   线。

c. 调整后片样板，将后中线向外延展
   9cm，并修顺腰围线（图5-43）。

d. 调整前片样板，将前中线向外延展
   9cm并修顺腰围线（图5-44）。

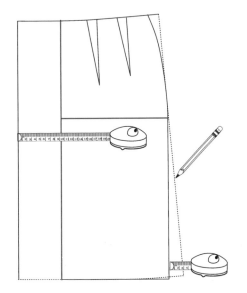

图5-43

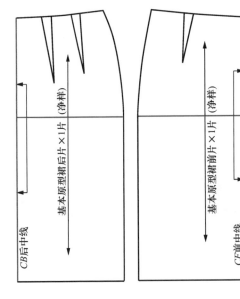

图5-42

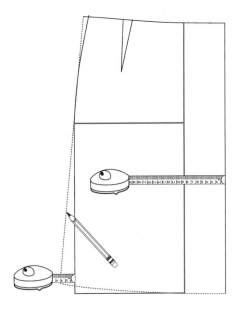

图5-44

4.3 立裁过程

前片立裁

a. 依据款式结构线在人台上贴出标线（图5-45）。

b. 将调整后的前片样板绘制在坯布上，坯布上架，固定前中线与侧缝线，将腰围处多余的褶量依据人台标线立裁出前片的活褶量（图5-46）。

图5-45

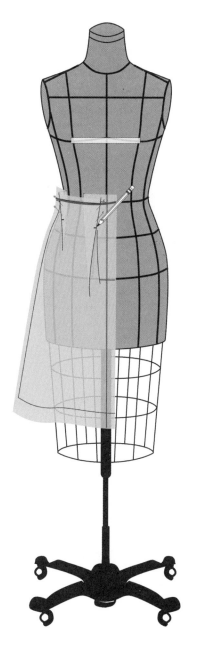

图5-46

后片立裁

a. 在人台上标出款式结构线（图 5-47）。

b. 将调整后的后片样板绘制在坯布上，坯布上架，将坯布的后中线与侧缝线与人台相应位置固定，依据人台标线立裁出后片褶量（图 5-48）。

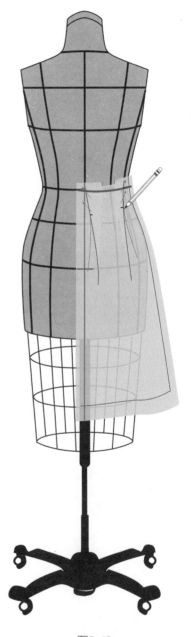

图5-48

图5-47

4.4　样板获得

a. 将修顺好的前后片坯布别合好上架。

b. 从以下几个方面进行立裁效果检查：款式结构线位置、确认前后中线垂直、前后片褶量位置、前后裙褶效果及裙摆造型（图5-49）。

c. 将确认后的坯布下架展平生成样板（图5-50）。

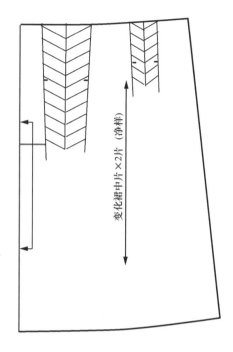

图5-49

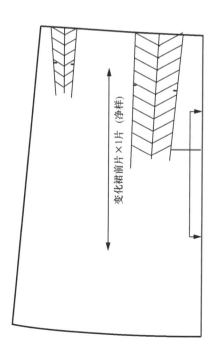

图5-50

陆　原型连衣裙的应用

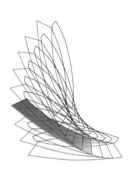

1. 有腰线连衣裙的设计实现
   2. 无腰线连衣裙的设计实现
      3. 变化款式连衣裙的设计实现

1. 有腰线连衣裙的设计实现

连衣裙带给女性的不仅是婀娜身姿的完美表现，更可以表现出女性不断追求的个性气质。在众多的款式类别中它是最为常见的、表现力最为丰富的一类款式。连衣裙在各种款式造型中，因其变化莫测、种类最多、最受青睐的特点，常被誉为"款式皇后"，所以一直以来，连衣裙就是设计师们重点表现的款式，它可以不分季节、不分材质地被表现出来。

连衣裙可以依据造型的需要形成各种不同的轮廓和腰节位置，通常连衣裙的款式可以简单地分为有腰线连衣裙、无腰线连衣裙以及结合立裁造型的变化款式连衣裙等。在下面文章中，将一一为读者介绍各种连衣裙款式的设计实现方法。

1.1　款式说明

如图6-1所示，此款连衣裙是有腰线收腰的A型连衣裙。款式中前片分为两个部分，一部分为合体的衣身，一部分为装饰荷叶边，为连衣裙的款式增添了一份飘逸的动感。

图6-1

1.2 样板分析与调整

样板调整

a. 取出有腰线连衣裙原型（图6-2）。

b. 调整后片衣身样片的腰省，在后片裙样板上的外侧省尖处画垂线，合并外侧省，沿垂线打开裙片，适当调整裙腰围的量以便对和衣身腰围（图6-3）。

c. 在前片袖窿线处绘制胸省转移线，在前片裙的省尖处画垂线，依据款式转移胸省，拼合裙腰省，沿垂线打开裙摆，修顺裙摆线，依据衣身腰围量确定裙片腰围(图6-4)。

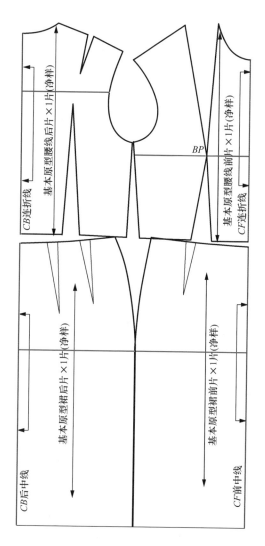

图6-2

图6-3　　　　　　　　　　　　图6-4

1.3　立裁过程

前片立裁

a. 在人台上贴好款式标线（图6-5）。

b. 将调整好样板绘制在坯布上。

c. 内层衣片坯布上架调整，确认上衣松量，裙摆的量依据标线在坯布上做好款式标记（图6-6）。

d. 外层衣片立裁，取一块长方形坯布斜着自肩线到腰线，放置在人台上，依据人台标记绘制装饰衣片。然后依据款式造型，将长方形坯布沿分割线剪开形成新的衣片形状（图6-6）。

图6-6

图6-5

后片立裁

a. 在人台上贴好款式标线（图6-7）。

b. 将调整好的样板绘制在坯布上。

c. 坯布上架调整，确认上衣松量，裙
　摆的量，依据标线在坯布上做好款
　式标记（图6-8）。

图6-7

图6-8

1.4　样板获得

a. 将初次立裁调整完成的样板，再次绘制在坯布上，别合上架。

b. 通过坯布完整上架，确认坯布上的结构线（图6-9）。

c. 坯布下架，依据坯布上的结构线绘制样板（图6-10）。

图6-9

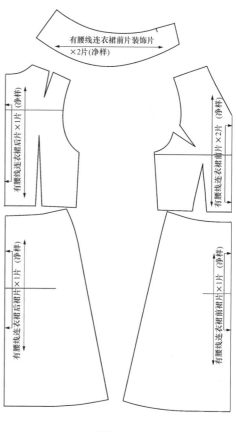

有腰线连衣裙前片装饰片
×2片(净样)

有腰线连衣裙后片×1片（净样）

有腰线连衣裙前片×2片（净样）

有腰线连衣裙后裙片×1片（净样）

有腰线连衣裙前裙片×1片（净样）

图6-10

2. 无腰线连衣裙的设计实现

2.1 款式说明

如图6-11所示，这是一款收腰的A型连衣裙，其设计的亮点在于，将无腰线连衣裙原型中各个造型省道进行有效的转移，新的造型结构线，不仅表现了款式的独特性，更加突出了人体的曲线美。

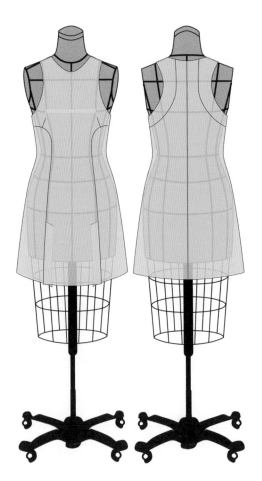

图6-11

2.2 样板的选择与调整

适用的原型为无腰线连衣裙原型（图6-12），前片胸省需要转移，后片肩省需要略去。

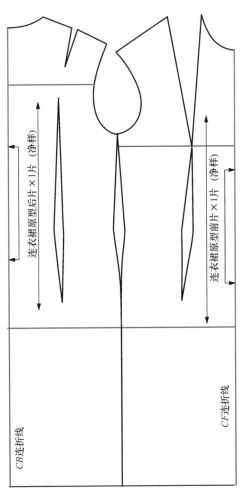

连衣裙原型后片×1片（净样）

连衣裙原型前片×1片（净样）

CB连折线

CF连折线

图6-12

2.3 立裁过程

前片立裁

a. 在人台上贴好款式标线（图6-13）。

b. 将连衣裙前片样板绘制在坯布上，适当调整腰围省量。别合样板中的各个省道上架固定。依据人台标线在坯布上画出款式结构线，确定裙长位置（图6-14）。

c. 坯布下架，依据款式结构线修剪坯布。依据款式调整原型下摆（图6-15）。

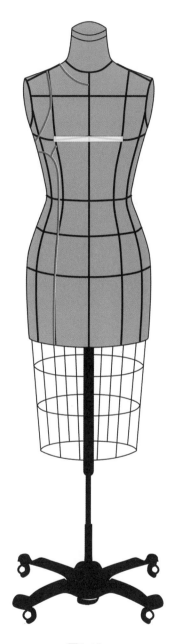

图6-13

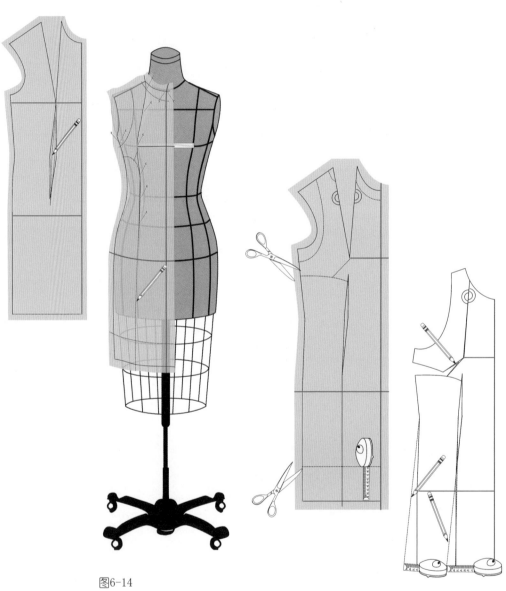

图6-14

图6-15

后片立裁

a. 在人台上贴好款式标线（图6-16）。

b. 将连衣裙原型后片样板绘制在坯布上，别合肩省，略去腰省备用。依据人台标线在坯布上画出款式结构线，确定裙长位置（图6-17）。

c. 坯布下架，依据款式结构线修剪坯布。依据款式调整原型下摆（图6-18）。

图6-16

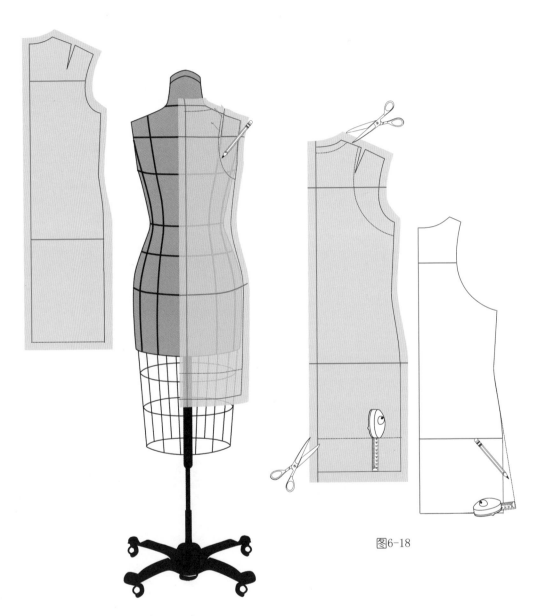

图6-17

图6-18

2.4 样板获得

a. 将初次立裁调整完成的样板，再次绘制在坯布上，别合上架。

b. 通过坯布完整上架，确认坯布上的结构线（图6-19）。

c. 坯布下架，依据标线绘制样板（图6-20）。

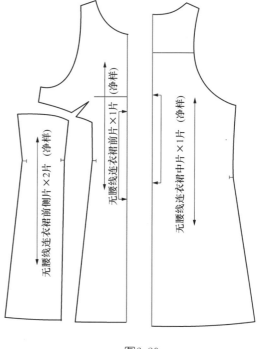

图6-20

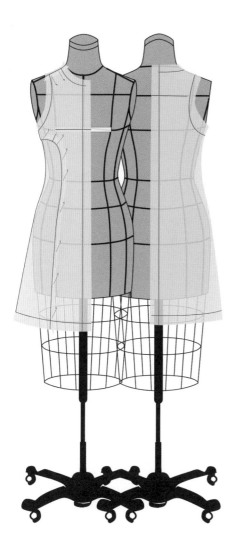

图6-19

3. 变化款式连衣裙的设计实现

在上文中介绍了的两款连衣裙的实现过程，清晰地说明了以连衣裙原型结构线为基准进行变化设计的具体方法，这种方法能够使设计师在表达创意的过程中有所依据，并能够借助于平面的原型进行空间思考和拓展，设计师在原型连衣裙的基础上，既可以进行功能性结构线的创意设计，又可以进行造型性结构线的设计，同时也可以两种结构线相结合进行设计。

3.1 款式说明

图6-21中是一款变化款式的连衣裙，这款连衣裙在设计方面有较多的创新，首先在连衣裙上衣的领口部分设计了较大的松量，需要在人台上通过立裁把握好这一松量，即领口部分既要有具有动感的褶量，又要有一定的合体度，不能在穿着时过多地露出胸部。裙腰部分的设计较为自然，腰线略低，腰围也较为宽松，前片腰省的设计为活褶式，与前裙片的结构分割线有关系，款式中的裙片设计有较强的独特性，是将一块长方形的面料进行围裹产生的。这些设计特点都需要通过立裁的手法精确把握。

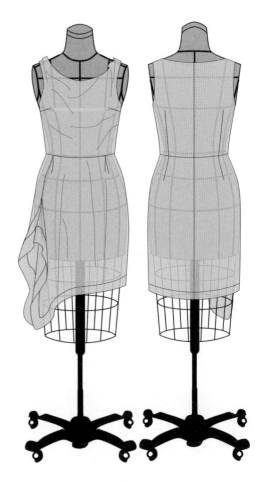

图6-21

3.2 样板调整

样板选择

依据图6-22中的款式图，连衣裙为有腰线连衣裙的款式，因此选择的样板为有腰线连衣裙的原型样板（图6-22）。

基础样板调整

首先依据款式调整连衣裙腰省的位置和大小，然后将前片胸省的省量缩小1/3，以备款式中前片的领口活动量所用（图6-23）。

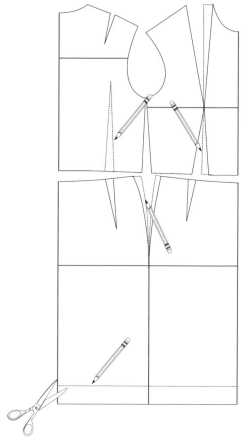

图6-23

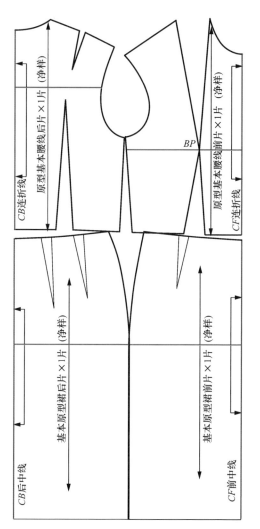

图6-22

衣样板调整

变化款式连衣裙中腰线位置是略低于人台实际腰线位置的，因此首先需要调整衣样板的腰线位置；然后依据款式结构线的位置将前片胸省及腰省转移至腋下省；后片肩省平均分配到袖窿和领窝处（图6-24）。

裙样板调整

款式中的裙片是一种将一块长方形的面料进行围裹产生的。因此需要将原型中裙的部分归纳为几何形，然后依据款式确定分割线的位置。具体步骤包括：

a. 将前后裙片侧缝线对合在一起。

b. 参考衣身的腰围线位置，相应的调整裙片的腰围线位置。

c. 将裙片的前中线向外扩展一定的松量，以备裙片中前褶的褶量效果。

d. 依据款式确定裙前片的活褶位置（图6-25）。

e. 完成基本裙片的调整后，须将基础裙片以后中线为中心左右对称展开，以前片活褶位置为分割线，绘制出完整的样板（图6-26）。

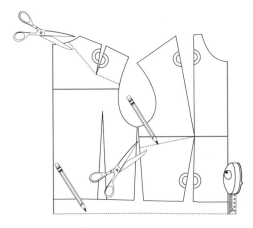

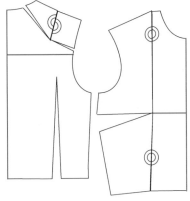

图6-24

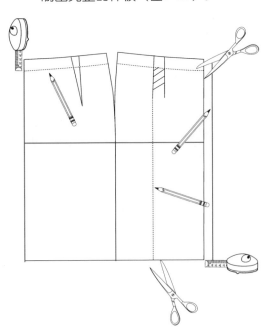

图6-25

3.3 立裁过程

衣身立裁

a. 在人台上贴好款式标线的位置（图6-27）。

b. 将调整好的衣样板绘制在坯布上，并将前后衣片完整别合。

c. 坯布上架调整，依据标线在坯布上做好款式标记（图6-28）。

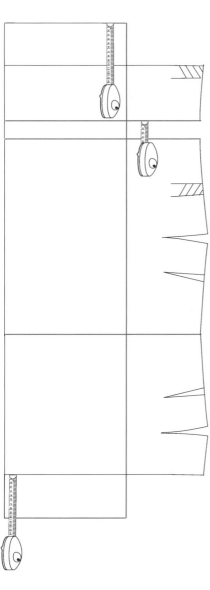

图6-26

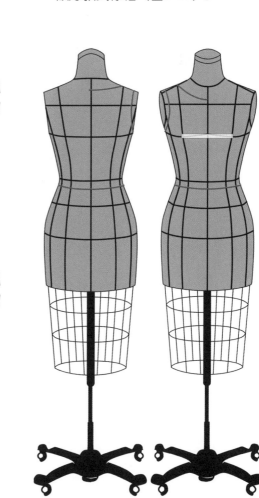

图6-27

裙片立裁

a. 将调整好的裙片样板绘制在坯布上，并将裙片分割线别合。

b. 依据前后中线位置将坯布上架，依据标线和款式特点在坯布上画出后片腰线的位置和省位（图6-29）。

c. 依据标线在坯布上调整前片分割线的省量以及裙褶的褶量，并做标记（图6-30）。

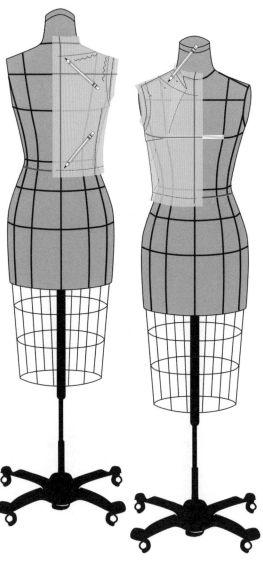

图6-28

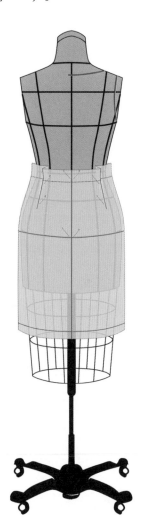

图6-29

3.4 样板获得

样板获得

a. 将初次立裁调整完成的样板再次绘制在坯布上，别合上架，复核坯布上的结构线（图6-31）。

b. 坯布下架，依据标线绘制样板（图6-32）。

图6-30

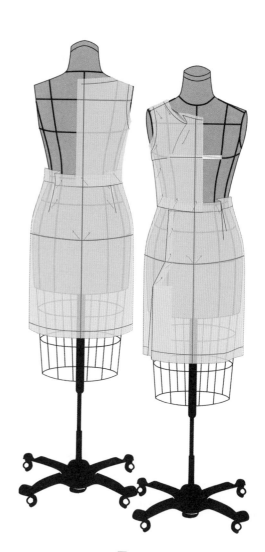

图6-31

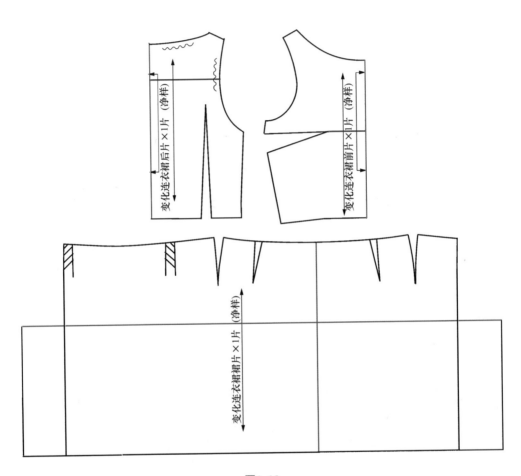

变化连衣裙后片×1片（净样）

变化连衣裙前片×1片（净样）

变化连衣裙裙片×1片（净样）

图6-32

柒　原型与创意实现——平面创意

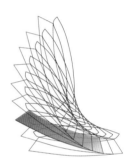

1. 双层裙的设计实现
   2. 翻折边连衣裙的设计实现

1. 双层裙的设计实现

　　服装设计中的创意表现在方方面面，平面创意是其中较为独特的一种方式，因为平面创意通常是应用一块平面的、完整的面料来进行丰富的出其不意的效果表现，是一种实验性的表现。平面创意的设计作品常常会为我们带来不同寻常的惊喜。

1.1 款式说明

　　图7-1中是一款由双层面料组成的短裙，其创意的亮点在于外层裙的设计，即应用一块纯粹的长方形面料，通过巧妙的位置摆放来形成自然褶的美感，同时结合内裙的合体表现，一松一紧的设计使得短裙的设计具有层次分明的动感效果。

图7-1

1.2　样板分析与调整

选择样板

a. 依据图7-1中的款式，可以确定内层裙为合体的基本款式裙，因此首先可以直接选择基础裙原型（图7-2）。

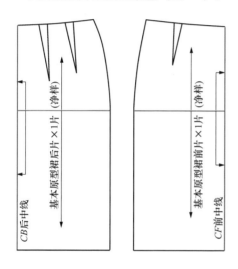

图7-2

b. 将基础样板绘制在坯布上，其中裙长依据款式可以适当缩短（图7-3）。

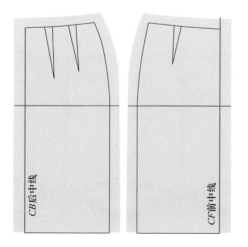

图7-3

外层裙坯布准备

通过款式设计图可以看到外裙的结构特点，两侧较长中间较短，因此可以初步判断为长方形的平面结构。

长方形结构的长与宽的确定需要依据款式，即依据外层裙前、后、侧的长度，将前裙长约为一个裙长，后裙长约为一个裙片样板的宽度，裙侧长约为两个半裙长，由此确定坯布的长与宽（图7-4）。

需要注意的是裙侧长的确定顺序为：首先确定出腰围的宽度，然后以腰围宽度线为准向两侧各自延展出一个裙长。

1.3 立裁过程

内层裙坯布立裁

a. 将内层裙坯布中的前后各个省别合。

b. 然后别合侧缝线上架，依据前后中线及臀围线的位置上架固定。

c. 对照款式图确定内层裙的裙摆及裙长，使用标线进行标注（图7-5）。

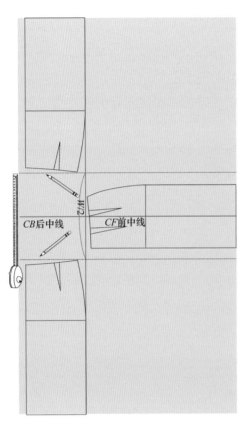

图7-4

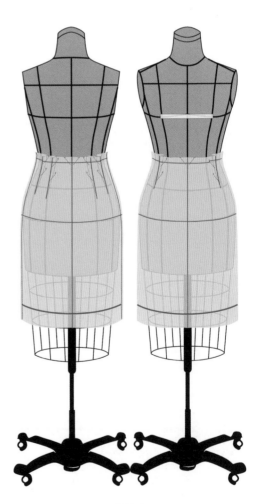

图7-5

▎外层裙坯布立裁

a. 取出为外层裙准备的坯布。

b. 依据款式图中外层裙片前长后短的
结构特点，标注坯布腰围开口的位
置并剪开（图7-6）。

c. 将坯布上架，在腰围线上的前后中
线处固定外层裙片。依据款式设计
修整裙长及裙摆的位置（图7-7）。

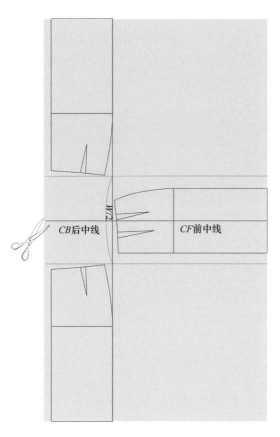

图7-6

图7-7

1.4 样板获得

下架整理坯布及上架复核

a. 修整好使用平面长方形造型的外层
裙坯布后，需要标注清楚与内层裙
的对位点。

b. 在下架整理之前，从几个方面观察
人台上的裙造型，以便确认款式设
计的实现效果。包括内层裙的裙长
及裙摆；内外层裙的腰位是否一
致；外层裙的裙摆侧面与前后面的
层次是否符合造型效果。

c. 在确认以上几个方面的造型效果之
后，如图7-8、图7-9所示下架检查
各个结构线上的标记、前后中线的
标记等，画顺各个结构线并确认各
个标记清楚，然后上架复核。

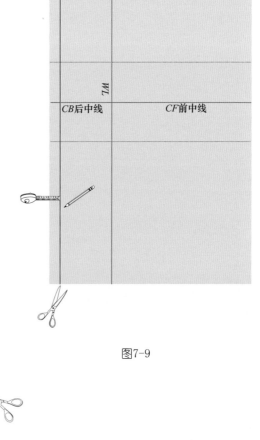

图7-9

图7-8

样板生成

坯布上架复核完成后生成样板，如图7-10、图7-11所示。

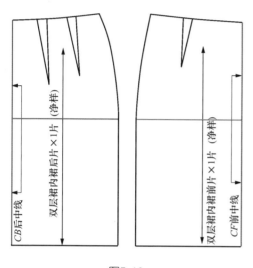

图7-10

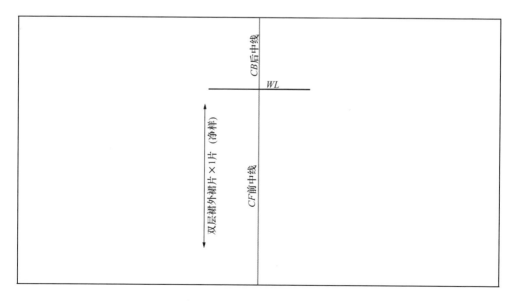

图7-11

2. 翻折边连衣裙的设计实现

2.1 款式说明

图7-12这款连衣裙由两部分组合而成，其创意的亮点在于组成连衣裙的上下两部分都是平面结构，通过巧妙的褶量设计和定位固定，使得连衣裙表现出飘逸浪漫柔美的气息。

2.2 样板分析与调整

选择样板

如图7-12中的款式所示，分割线在胸围线以上，因此选择无腰线连衣裙原型（图7-13）。

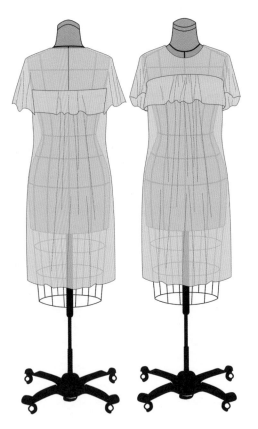

图7-12

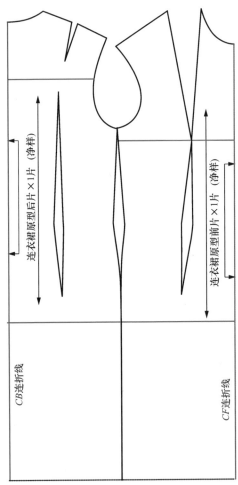

图7-13

样板调整

依据款式图，使用标线将连衣裙的分割位置在原型样板上标注出来（图7-14）。

将贴好标线的原型样板放置在人台上来确认分割线的位置是否恰当，确认后沿标线剪开样板（图7-15）。

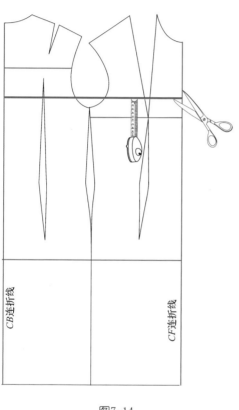

图7-14

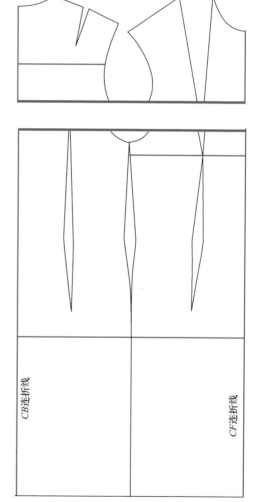

图7-15

裙坯布准备

通过款式图可以看到连衣裙中的裙部分是前后中有活褶设计的平面围裹样式，因此坯布准备需要完整的全身式。

如图7-16所示，将前后片样板按照款式设计平展地放置在坯布上，前后中留出相应的褶量；然后将样板向上延展画出款式中分割线处向下翻折的翻边量。

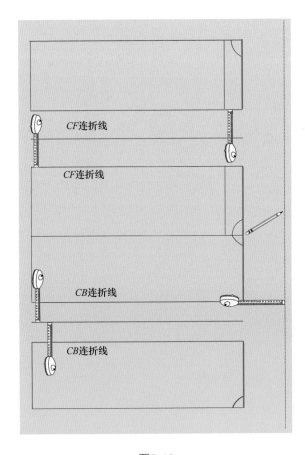

图7-16

确定前后中的放量及翻边量之后，依据样板定位前后片抽褶的位置（图7-17）。

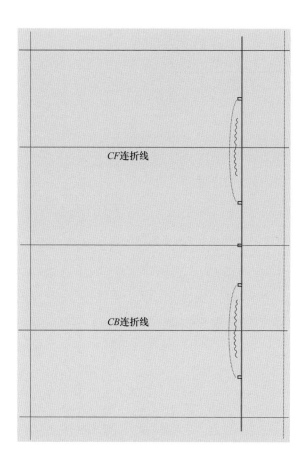

图7-17

衣坯布准备

取出分割后的衣样板（图7-18）。

将调整后的衣样板对称打开，在坯布上绘制完整备用（图7-20）。

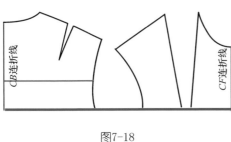

图7-18

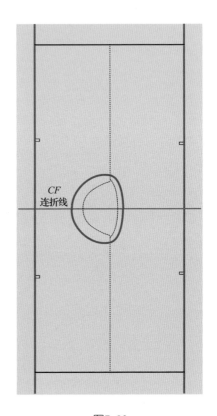

图7-20

结合款式设计来确定坯布的准备方法：

a. 首先确定连衣裙衣部分的设计是平面的长方形结构。

b. 然后依据样板确定长方形的摆放方法，包括领围线的位置、袖长的位置、与裙片固定的位置等（图7-19）。

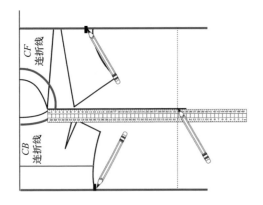

图7-19

2.3　立裁过程

裙坯布立裁

a. 先依照款式将裙坯布上的前后褶量抽好。

b. 然后将坯布上的前后中线对合人台相应位置，上架固定（图7-21）。

c. 简单固定后，依据人台调整褶量，依据款式图调整翻边的宽度，以达到较好的审美效果。

衣坯布立裁

a. 取出衣坯布，沿后中线剪开至后领窝。

b. 依据标线留出一定的缝份量，剪出领窝，上架固定（图7-22）。

c. 通过确定与裙坯布的固定位置以及袖子的长度完成衣坯布的立裁。

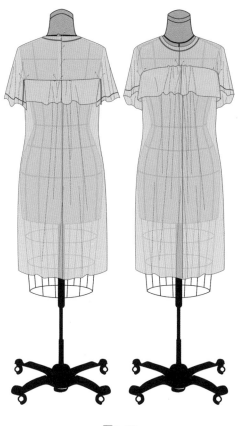

图7-22

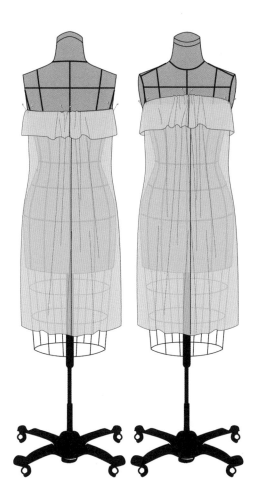

图7-21

2.4　样板获得

在完成衣、裙坯布的立裁之后，需要从几个方面观察人台上的裙造型，以便确认款式设计的实现效果。

包括衣部分的前后领窝位置；衣部分的袖长位置；衣、裙固定的位置；裙部分的褶量与褶位；裙的长度等。

在确认以上几个方面的造型效果之后，确认各个标记清楚，下架依据标记生成样板（图7-23）。

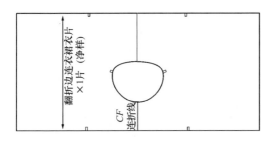

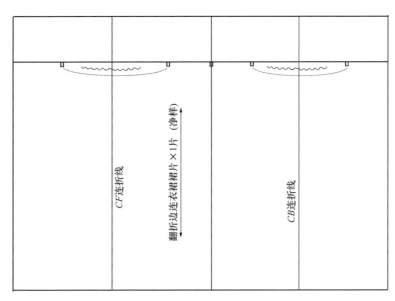

图7-23

捌 原型与创意实现——褶创意

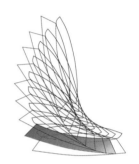

1. 荷叶褶上衣的设计实现
2. 肩褶连衣裙的设计实现

1. 荷叶褶上衣的设计实现

褶——这一细节语言在服装设计中几乎处处存在，它不仅增强了服装的功能性，更赋予服装丰富变化的可能性。

在设计表现中，褶的表现方式多种多样，可以是夸张的装饰褶，可以是有规律排列的褶，还可以是功能性的细褶等。设计师在褶创意的设计过程中，只要结合人体结构，就能够收放自如地实现丰富多变的创意作品。

1.1 款式说明

图8-1这款上衣设计的亮点在于后片与袖片中的荷叶边的创意表现。

上衣的后片和前后袖片的边缘通过造型的塑造过程，产生出优美的自然效果荷叶褶边，为款式增添了独特浪漫的气息。同时在前后片分割结构线的设计上巧妙到位地表现出人体胸部与颈部的曲线。

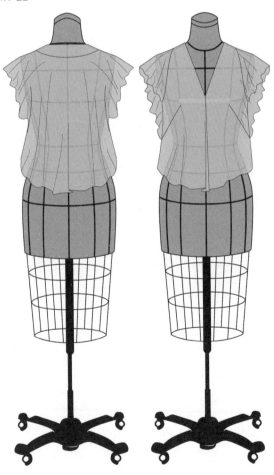

图8-1

1.2　样板分析与调整

选择样板

依据图8-1中的款式，整体廓型是直身的，背后有较多褶量的设计，因此可以选用基础原型来应用（图8-2）。

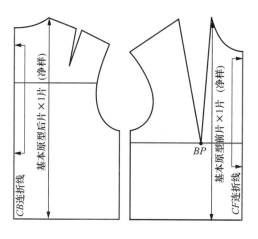

图8-2

样板基本调整

a. 依据款式图，首先在原型样板上画出衣长的位置（图8-3）。

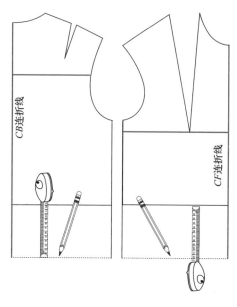

图8-3

b. 依据款式在原型样板上绘制侧缝与底边的弧度形状（图8-4）。

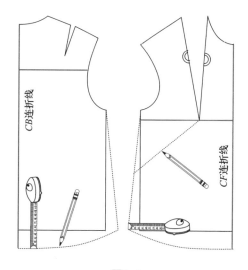

图8-4

c. 在基础原型上绘制好各廓型线后，参照款式图，将前片的胸省转移至侧缝（图8-5）。

样板的造型调整

a. 样板的基础调整完成之后，首先用样板确定款式结构线位置，如图8-6所示，将前后片样板的肩线对齐，绘制前片袖窿结构线。

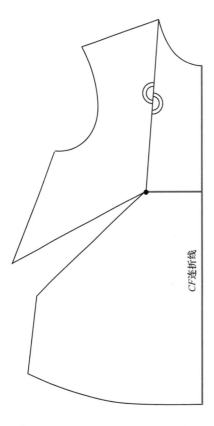

图8-5

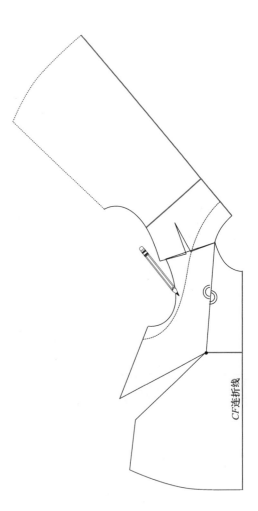

图8-6

b. 沿新绘制的分割线剪开生成新的前后样片。另外结合款式将新生成的后片样板袖窿部分补充完整（图8-7）。

c. 在款式图中，后片荷叶边褶量需要将样板继续造型完善，所以如图8-8所示，需要在后片样板上画出分割线，然后按一定的分割量摆放分割后的样片。

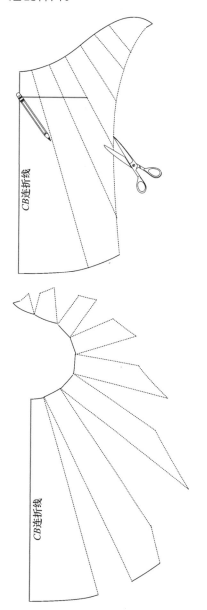

图8-7

图8-8

1.3　立裁过程

坯布准备

　　将调整后的样板取出绘制在坯布上，由于后片的荷叶边褶量较为丰富，因此坯布上的后中线要留出一定的余量，以备调整（图8-9）。

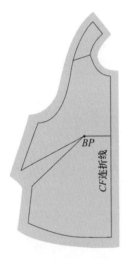

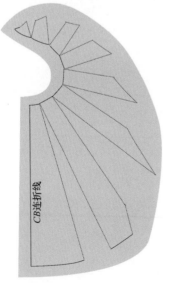

图8-9

坯布立裁

a. 在坯布上架前，先将前片胸省别合，前后片别合，然后依据前后中线、胸围线位置对合人台上的相应位置，固定上架。

b. 依照款式调整后片坯布荷叶边褶量，然后与前片侧缝固定。确认褶量后，依据款式设计标注前后领窝形状与位置，以及袖口的前后位置。

c. 在坯布上架之后，需要从几个方面观察人台上的款式造型。如前后中线是否垂直、前后领窝位置是否与款式图一致、衣长的位置及衣摆的弧度、后片及袖口的荷叶边褶量等（图8-10）。

坯布下架整理

确认以上几个方面的造型效果之后，下架整理坯布（图8-11）：

a. 依据标线画顺各个位置的结构线。

b. 确认前后中线的位置。

c. 将各个结构线对合检查相应位置是否吻合。

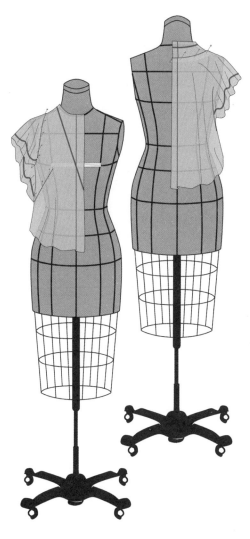

图8-10

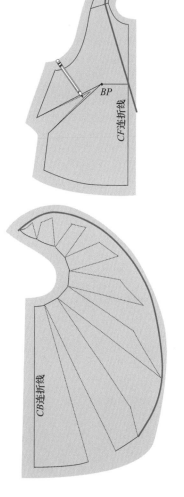

图8-11

1.4　样板获得

生成样板

　　将坯布下架后，画顺坯布上的各个结构线，然后依据新的结构线别合上架固定复核立裁的效果表达，确认后，将坯布下架展平生成样板（图8-12）。

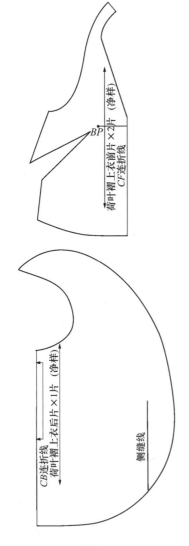

荷叶褶上衣前片×2片（净样）
BP
CF连折线

CB连折线 荷叶褶上衣后片×1片（净样）
侧缝线

图8-12

2．肩褶连衣裙的设计实现

2.1　款式说明

图8-13所示这款连衣裙是一款不对称的有肩褶造型的连衣裙，其创意的亮点在于左右肩部及领窝的不对称造型变化。如图8-13所示，左侧肩部的碎褶设计巧妙地将胸省量及造型褶量集中在一起，使得连衣裙在简约廓型的基础上具有丰富的细节表现。

2.2　样板分析与调整

┆ 选择原型样板

依据图8-13中的款式，连衣裙的变化在胸围线以上，腰围线没有分割，也没有收腰省，因此可以选用基础原型来应用（图8-14）。

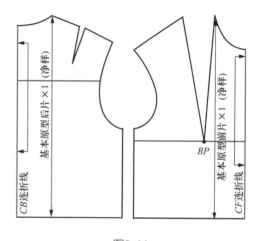

图8-14

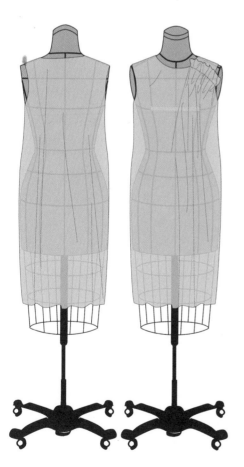

图8-13

样板基本调整

a. 依据款式图，将基础原型样板加长至连衣裙的长度（图8-15）。

b. 款式中不对称的设计需要将基础样片对称展开。如图8-16所示，将加长后的基础样片前片对称展开，并依据款式画出相应的分割线。

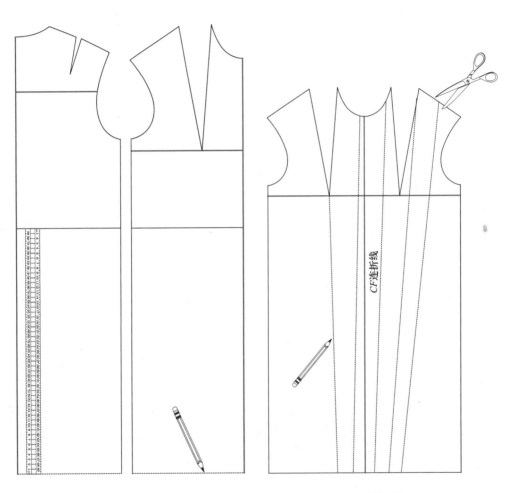

图8-15　　　　　　　　　图8-16

c. 沿分割线将前片裙片剪开，依据款
式造型及面料特点适当加入褶量
（图8-17）。

d. 取出后片基础样板，如图8-18所
示，将肩褶量平均分配到领窝和袖
窿处。

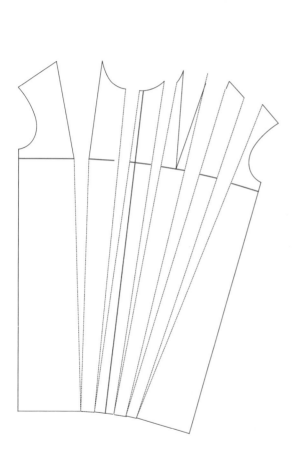

图8-17

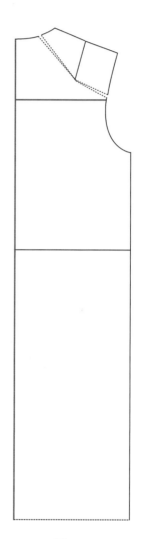

图8-18

e. 将调整好的基础样板后片对称展
开，依据款式将右侧与前片的相应
肩线部分对合备用（图8-19）。

图8-19

坯布准备

a. 取出调整后的样板前片，依据样板
标线在坯布上绘制出相应的结构线
位置（图8-20）。

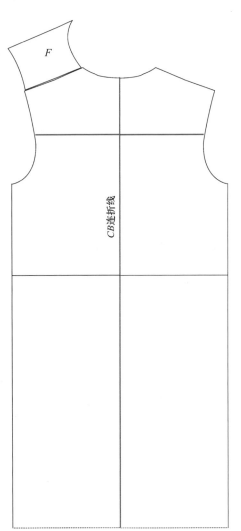

图8-19

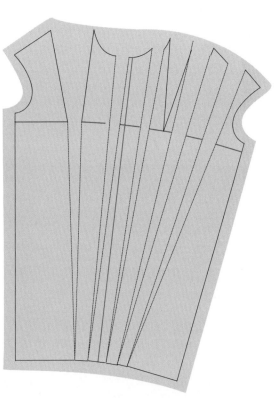

图8-20

b. 取出调整完的后片样板，在坯布
　 上绘制出相应的结构线备用（图
　 8-21）。

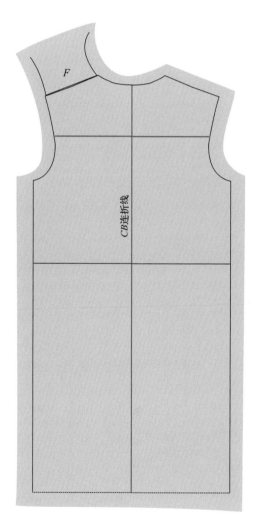

图8-21

2.3 立裁过程

坯布立裁

a. 依据款式，在人台相应位置上贴出
　 标线（图8-22）。

b. 在坯布上架前，先将坯布前后片的
　 侧缝及右肩线别合。

c. 将别合好的坯布上架固定，固定位
　 置包括：前后中线、胸围线、后背
　 宽线等与人台对应的各个结构线。

d. 左前肩造型褶的立裁步骤：如图
　 8-23所示，确定坯布各个位置固定
　 准确后，将前片多余的褶量推移到
　 左肩线处；然后在前领窝处打剪
　 口；将褶量平均分配到肩线位置。

e. 依据人台标线，标注前后领窝、
　 袖窿弧线以及左肩线的位置（图
　 8-23）。

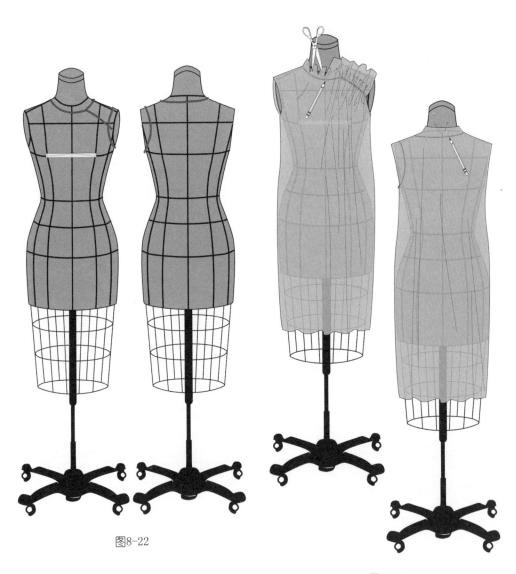

图8-22

图8-23

坯布下架整理

a. 坯布下架前需检查各个对位点以及标注的完整情况。

b. 将衣坯布展平，画顺领窝弧线、袖窿弧线、左侧肩线位置。

c. 依据标线修剪坯布（图8-24、图8-25）。

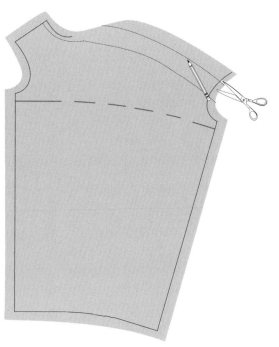

图8-24

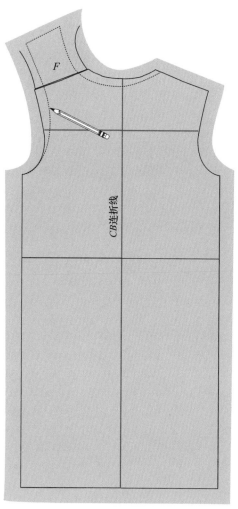

图8-25

2.4 样板获得

│生成样板

　　经过复核确认后，将坯布下架展平，修顺复核后的各个结构线，然后生成样板（图8-26、图8-27）。

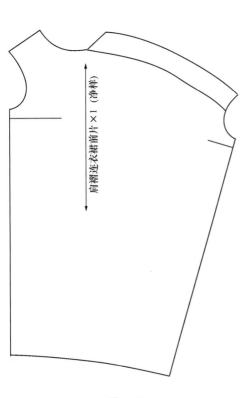

图8-26

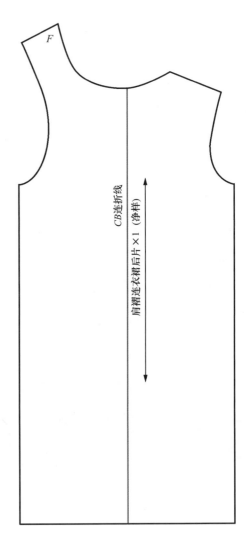

图8-27

玖　原型与创意实现——结构线创意

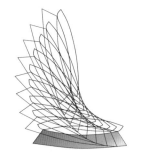

1. 螺旋分割长裙的设计实现
2. 曲线分割连衣裙的设计实现

1. 螺旋分割长裙的设计实现

服装中结构线的设计可谓无处不在,从最基本的袖窿结构线、领窝结构线等为塑造人体而形成的功能结构线,到为表达时尚语言的创意造型结构线,丰富多样的结构线设计为服装的变化带来了无尽的可能。

1.1 款式说明

图9-1中是一款鱼尾形长裙,其创意的亮点在于应用具有动感的缠绕式的曲线结构线来塑造长裙的优美线条。一方面结构线通过缠绕将臀部紧紧围裹,另一方面同样利用结构线来立体多角度地加大裙摆的维度,使整个裙型呈现出立体生动的效果。

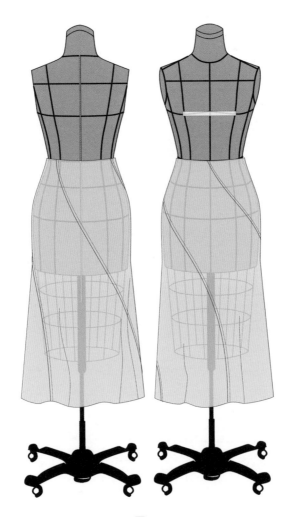

图9-1

1.2　样板调整

样板选择

依据图9-1中的款式选择相应的样板，款式中腰臀部位合体，可以选择原型裙作为基础样板（图9-2）。

坯布准备

将基础样板绘制在坯布上，依据裙长确定坯布的长度（图9-3）。

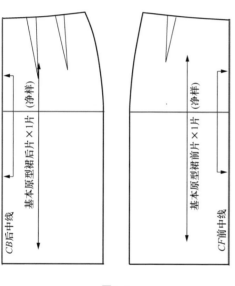

图9-2

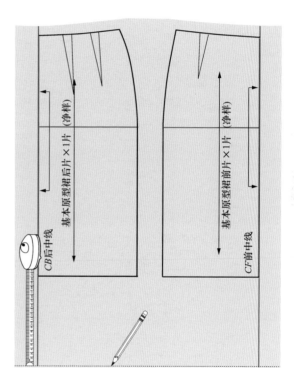

图9-3

1.3 立裁过程

款式中结构线的设计围绕人体的环绕式曲线结构线，从平面样板上难以进行准确的分割，因此需要利用基本原型裙将人台简单包裹后，再进行结构线的设计表现。

坯布整理

a. 将画好原型样板的坯布中的侧缝线别合在一起（图9-4）。

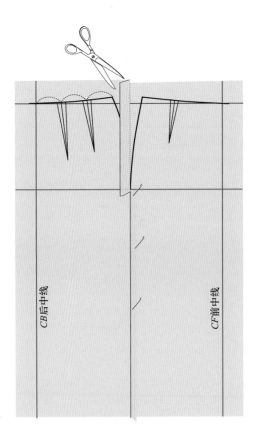

图9-4

b. 坯布上架，将人台进行基本包裹（图9-5）。

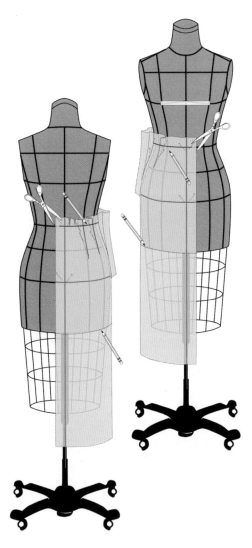

图9-5

依据款式结构线贴标线

a. 将坯布完整别合后上架，依据款式设计进行标线，并确定裙摆放量的位置（图9-6）。

b. 在标注款式结构曲线的过程中，需要分别用三种颜色来标注，这样通过颜色可以清晰地了解款式中的结构线分割位置，并能够及时地将结构线的分割进行有效的具有审美效果的调整。

贴好标线的坯布下架分割整理

a. 在人台上标注完曲线结构线之后，将坯布下架，各个省道展开铺平整理（图9-7）。

b. 调整好各个颜色的标线曲线弧度。

c. 沿标线位置将坯布剪开。

d. 将剪开后的三个裙片坯布上的结构线，完全拓在新的坯布上，并在新坯布上画出裙摆的放量（图9-8）。

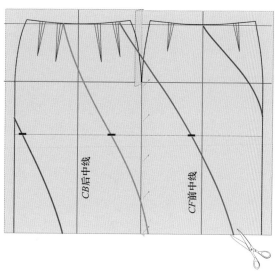

图9-7

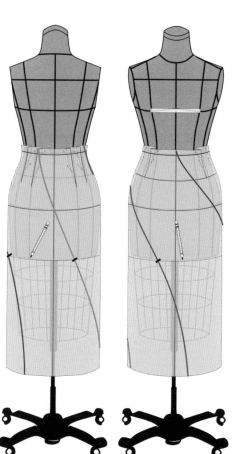

图9-6

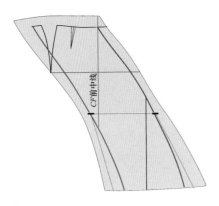

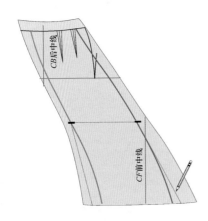

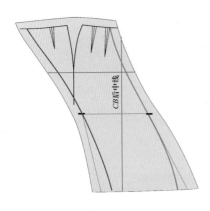

图9-8

分割好的坯布上架

在新的裙片坯布上，确认各个结构线标注完整后，依据各个新的坯布样片上标注的前后中线的位置以及臀围线位置，别合坯布样片，具体步骤如下：

a. 将各个裙片中的裙摆放量位置对合固定。

b. 依据前后中线的位置将各个裙片别合。

c. 依据前后中线的位置将裙片固定在人台上。

d. 适当地将臀围线以上的部分贴合人台别合结构线。

e. 以裙摆放量位置为起点，向下展开，依据款式中的摆量大小调整坯布进行别合（图9-9）。

下架整理坯布

在坯布下架整理之前，从几个方面观察人台上的裙型，以便确认款式设计的实现效果：

a. 前后裙片中的结构线是否流畅。

b. 裙造型中的腰部收量是否平顺自然。

c. 裙摆的摆量是否符合造型效果。

在确认以上几个方面的造型效果之后，检查各个结构线上的标记、前后中线的标记等。

完成以上步骤之后，将立裁后的坯布下架整理，画顺坯布上的结构线，依据结构线修顺坯布（图9-10）。

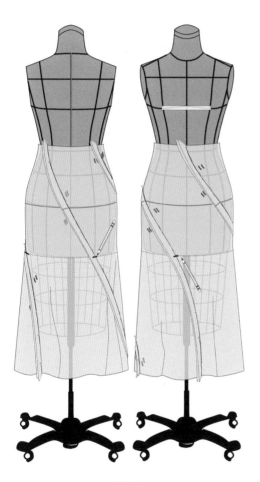

图9-9

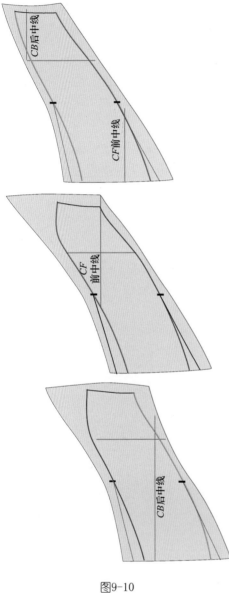

图9-10

1.4　样板获得

　　将整理好的坯布再次依据各个对合点别合上架复核检查，确认后，将坯布下架，进行样板生成（图9-11）。

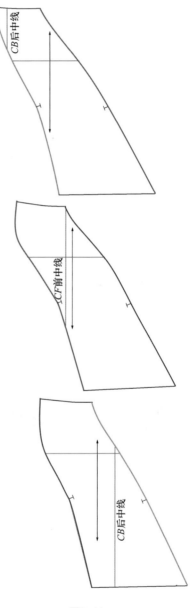

图9-11

2. 曲线分割连衣裙的设计实现

2.1 款式说明

图9-12中所示的连衣裙具有丰富结构线的设计，款式中各个结构线的位置设计以及结构线之间的距离充分考虑人体曲线与视觉审美表现。

连衣裙的前片结构线分为纵、横两个方向，腰节向上的部分为横向分割，向下的部分为纵向分割，伴随裙摆的褶量产生更多的纵向线条，拉长腰臀的比例，在视觉上生成比例协调的美感。此外，结构线在连衣裙背部的设计同样生动，在后片腰部以上的横向结构线做了向上提升的动感弧线设计，使后片结构线产生提臀的视觉效果。

总之，前后流畅的结构线设计完整地彰显了连衣裙的韵律之美。

图9-12

2.2 样板调整

样板选择

款式图中的连衣裙较为合体，几乎是对人台的无松量包裹，因此应选择较为合体的原型样板来应用。如图9-13所示，取出传统公主线原型样板以及合体裙原型样板备用。

样板坯布准备

款式的结构线设计较为丰富，难以从平面样板上直接分割获得，需要将坯布基础围裹在人台上进行立体设计分割。因此，首先将基础原型绘制在坯布上（图9-14）。

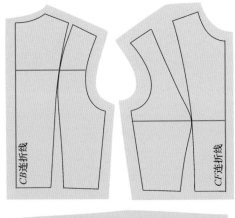

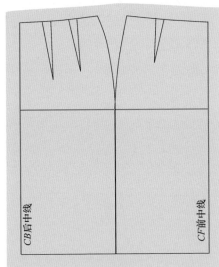

图9-14

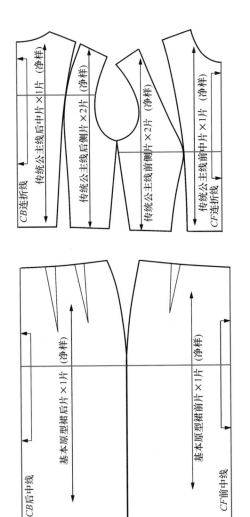

图9-13

样板坯布上架

a. 在样板坯布上架前，需别合各个省道、肩线、侧缝线，准备上架。

b. 将别合好的坯布上架，需对合前后中线与人台并固定，然后检查胸围线、后背宽线、臀围线是否与人台的相应各线吻合（图9-15）。

2.3　立裁过程

样板坯布上的结构线标注

在基础样板坯布围裹好人台之后，便可以在坯布上进行结构线的效果表达。

a. 首先依据款式图中的结构线确定前后片结构线的大致位置、排列比例以及弧线方向（图9-16）。

b. 然后再从侧面将前后片结构线顺畅地结合起来（图9-17）。

c. 领窝和袖窿部分的结构线完全参照款式图标贴出来。

d. 确定裙摆放量的起始位置，并标注出来。

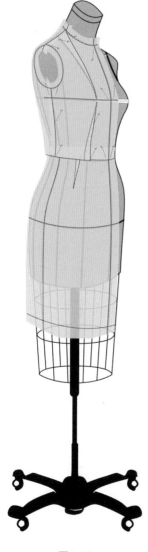

图9-15

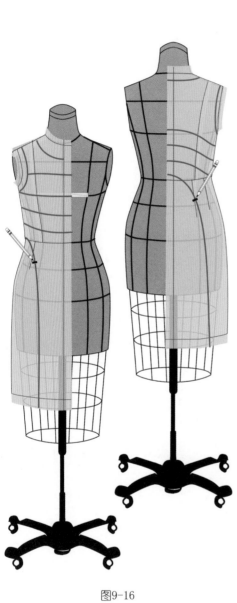

图9-16

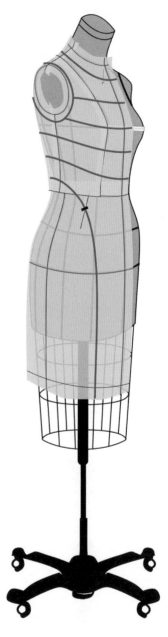

图9-17

样板坯布下架

a. 在检查各个标线的位置是否符合款
　　式设计后，进行坯布的下架整理。

b. 将各个省道打开并剪开标线，以便
　　样板坯布能够平整的展开，然后将
　　样板坯布中的分割线做编号标记
　　（图9-18）。

分割样板坯布

　　依据坯布样板上的编号进行结构线
的分割，别合各个省道，生成完整的结
构线样片。在标注的裙摆放量起始点处
向下画出裙摆的大致放量（图9-19、图
9-20）。

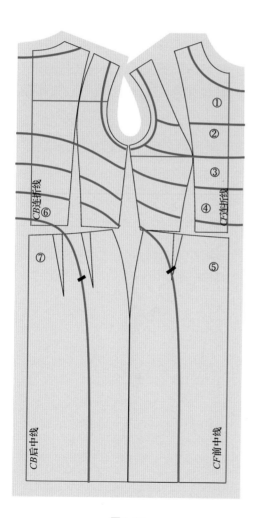

图9-18

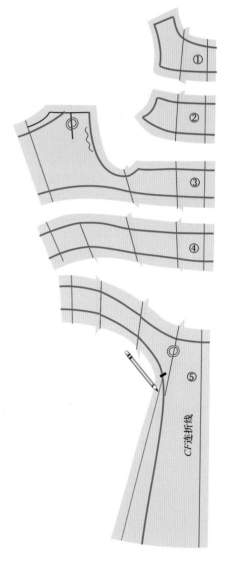

图9-19

分割后的坯布整理再次上架

a. 将前面分割后的坯布拓在新的坯布上，依据结构线之间的各个对位点将各个样片别合在一起。然后依据前后中线的位置将裙片与人台固定。

b. 结合款式设计图中的表现效果，检查领窝位置、肩线袖窿的贴合度、连衣裙的合体度、裙摆的放量等，以确定坯布的立裁是否准确恰当。并做适当的调整以获得较好的表现效果（图9-21）。

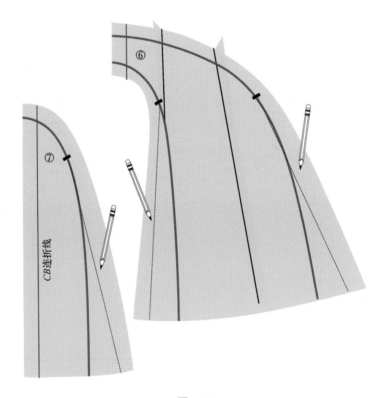

图9-20

2.4　样板获得

在人台上确认坯布的结构线标注清楚后，将坯布下架整理，按照标记画顺结构线，拓印在纸上生成样板（图9-22）。

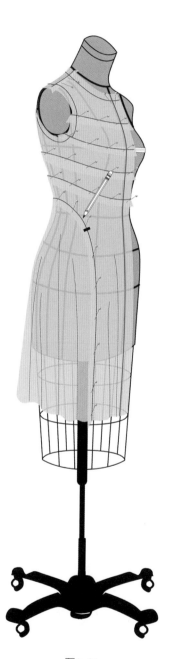

图9-21

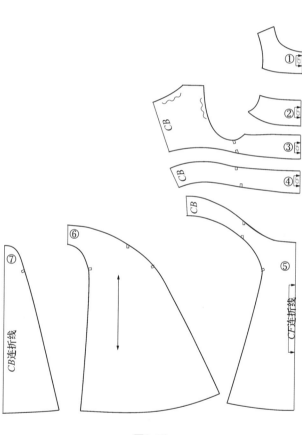

图9-22